朱集煤矿巷道围岩
流变性状及本构模型研究

高春艳　牛建广　邢秀清　李媛　编著

北　京
冶金工业出版社
2017

内 容 提 要

本书针对朱集煤矿巷道工程中的岩石流变现象，综合采用试验研究、理论分析和数值试验模拟分析等方法，对岩石的流变力学特性和本构方程的构建进行了分析；建立了能够模拟岩石三阶段蠕变特性的六元件非线性组合模型；利用 FLAC^{3D} 有限差分软件对巷道围岩的长期稳定性进行数值模拟，预测巷道的长期稳定性。

本书可作为岩土工程及相关专业师生参考书，也可为从事岩石力学和煤矿巷道稳定性的研究人员提供参考。

图书在版编目(CIP)数据

朱集煤矿巷道围岩流变性状及本构模型研究/高春艳等编著. —北京：冶金工业出版社，2017.6

ISBN 978-7-5024-7544-4

Ⅰ.①朱… Ⅱ.①高… Ⅲ.①煤矿—巷道围岩—流变性质—研究—淮南 Ⅳ.①TD325

中国版本图书馆 CIP 数据核字(2017)第 134639 号

出 版 人 谭学余

地　　址 北京市东城区嵩祝院北巷 39 号　邮编　100009　电话　(010)64027926

网　　址 www.cnmip.com.cn　电子信箱　yjcbs@cnmip.com.cn

责任编辑 曾 媛 美术编辑 彭子赫 版式设计 孙跃红

责任校对 王永欣 责任印制 李玉山

ISBN 978-7-5024-7544-4

冶金工业出版社出版发行；各地新华书店经销；北京建宏印刷有限公司印刷

2017 年 6 月第 1 版，2017 年 6 月第 1 次印刷

169mm×239mm；10.75 印张；207 千字；162 页

49.00 元

冶金工业出版社　投稿电话　(010)64027932　投稿信箱　tougao@cnmip.com.cn

冶金工业出版社营销中心　电话　(010)64044283　传真　(010)64027893

冶金书店　地址　北京市东四西大街 46 号(100010)　电话　(010)65289081(兼传真)

冶金工业出版社天猫旗舰店　yjgycbs.tmall.com

(本书如有印装质量问题，本社营销中心负责退换)

前　言

　　煤矿巷道工程的长期稳定和安全与围岩的流变特性密切相关，深部围岩的流变力学特性的研究及其本构方程的建立是深部岩石力学研究中的重要课题。当前，流变力学相关研究工作进展迅速，在试验和理论方面均取得了一定的成就。但是岩石的流变力学理论至今还不是特别完善，重大大坝、隧道、煤矿等岩土工程的开展使岩石流变力学理论的研究面临新的问题，因此，岩石流变特性和流变本构模型等相关研究仍为难点问题与热点问题。

　　朱集煤矿 1112（1）运输顺槽顶板高抽巷千米深井围岩的流变现象突出，在巷道开挖和运行当中不断出现了顶沉、底鼓现象，严重制约了矿井的安全生产和经济效益。有鉴于此，本书综合采用试验研究、理论分析和数值试验模拟分析等研究方法，对淮南矿业集团朱集煤矿千米深井巷道围岩的流变力学特性和本构方程的构建进行了分析，利用 TAW-2000 岩石三轴压力试验机对泥岩、粉砂岩和细砂岩等围岩岩样进行了常规单轴和三轴压缩试验，研究其基本力学性质、变形特点和破坏形式，分析围压对力学参数和变形的影响规律；在此基础上，采用 TAW-2000M 岩石多功能试验机开展了围岩岩样单轴压缩流变试验研究以及高围压条件下的三轴压缩流变试验研究，探讨了围岩岩样在不同应力状态和应力水平下的流变力学特性、变形规律和破坏形式；基于以上试验结果，建立了能够模拟岩石三阶段蠕变特性的六元件非线性组合模型，推导了该模型的本构方程，利用蠕变方程拟合了试验曲线并获得了围岩岩样流变模型的力学参数；利用 FLAC[3D] 有限差分软件对巷道围岩的长期稳定性进行数值模拟，预测巷道的长期稳定性。

本书共分为6章，第1章主要叙述了研究背景和国内外研究动态，第2和3章分别讨论了不同围岩岩样常规和流变条件下的单轴压缩和三轴压缩的物理力学性质，第4章为岩石的流变本构模型研究，第5章为数值模拟研究，第6章提出了结论与展望。

本书由河北地质大学管理科学与工程学院高春艳等人编著。在编写过程中得到了学院的支持和资助，以及中国矿业大学（北京）力学与建筑工程学院高全臣教授和宋彦琦教授的悉心指导和大力支持，在此表示衷心的感谢。

岩石流变的研究尚不成熟，相关理论并不完善，在工程中应用和推广的道路仍然漫长而艰难，期待更多的研究者投入到此方面的研究中，共同探讨以推动其发展。

由于作者水平所限，书中局限性和缺点在所难免，敬请读者提出宝贵意见和建议。

作　者

2017 年 4 月

目　　录

1 绪 论

岩石是一种特殊的工程材料，普遍存在于各种岩土工程中。因自然界的地质条件和工程条件的复杂性，使得其力学性质千变万化。各项岩石工程的开展，尤其是长江三峡工程、西部大开发和南水北调工程等重大水利水电工程项目的建设，极大地促进了我国岩石力学特性的研究，使得岩石和岩体力学特性的研究越来越得到重视，相关方面的研究越来越多，人们对岩石复杂性的认识正逐步深入。

1.1 研究背景和研究意义

岩石流变是指岩石矿物组构（骨架）随时间的延长而不断调整重组，导致其应力、应变状态也随时间而持续地增长变化[1]。岩石流变是岩土工程面临的基本问题，岩石流变力学特性是岩石力学的主要研究对象之一。岩石流变理论的主要研究内容是探求应力以及应变和时间的本构模型，采用强度和变形法则分析导致岩石失效或者破坏的时间历程，并确定有关的力学和变形参数，继而采用流变力学的方法解决实际岩土工程中的强度、稳定、变形和破坏等一系列问题[1~4]。

随着对能源需求的日益增加和开采强度的不断提高，浅部资源越来越少，国内外的很多矿山开始转向对深部资源的开采，开采深度已经接近或超过 1000m，并且有向更深处开采的趋势[5]。深部岩体处于"三高一扰动"（高地应力、高渗透压力、高地温梯度和强烈采掘扰动）相互耦合的复杂环境，在深部煤炭资源的开采中必然面对大量软岩巷道围岩大变形和稳定控制问题[5~7]，如巷道变形量大、变形时间长、围岩破碎、支护体失效增多，尤其以底鼓问题最为突出[8]。如何保证深井巷道工程在修建过程中的安全以及营运期内结构的稳定成为亟待解决的难题。

深部巷道围岩表现出的大变形，既包括岩体的弹性和塑性变形及岩体破坏引起的碎胀和滑移变形，同时还包括岩体随时间延续而形成的流变变形，且对深部软岩巷道来说，围岩流变是导致其长期变形不止的一个主要因素。深部高应力导致巷道围岩极易处于流变状态中，显现出剧烈和长期的变形特性。在岩石工程中，无论从经济角度出发，还是从安全以及长期稳定角度出发，均应充分考虑岩石的流变力学特性。岩石流变力学特性的研究，特别是岩石的蠕变及长期强度问题，具有重要的理论意义和工程意义。

岩石流变特性研究的重点是建立能够合理描述岩石应力应变与时间关系的流变本构模型，为实际工程的长期稳定和安全问题提供解决措施和方法。许多研究者正在努力寻找合适的岩石流变本构模型来描述和模拟岩石材料力学特性和时间之间的演化关系，并取得一系列成就[9]。但是已有的各种流变模型大多数是线性模型，并且多数不能全面反映岩石的加速蠕变过程，尚无一个比较理想的、适用性较广的流变本构模型，因而对岩石流变力学本构模型的理论研究仍有许多工作要做。

另一方面，由于室内岩石流变试验仪器不完备、岩石介质本身和所处地质条件的复杂性，使得现有岩石流变力学特性试验研究成果很难满足工程实践的需要，因而有必要对复杂应力状态下岩石流变力学特性进行试验研究，深入分析其变形特点、变形影响因素和破坏机制等，为实际工程采取合理的技术措施提供试验依据，确保深部巷道围岩的长期稳定和矿井生产安全。

淮南矿业集团朱集煤矿位于安徽省淮南市潘集区与怀远县交界处的武前庄与骑龙庄一带，1112(1) 运输顺槽顶板高抽巷在下部运输顺槽掘进过程中，在高地压作用下，巷道围岩的流变现象突出，在巷道开挖和运行当中不断出现了顶沉、底鼓现象，严重制约了矿井的安全生产和经济效益。对其深井巷道围岩的变形及破坏规律开展研究，对于明确复杂应力状态下深部岩石流变力学特性以及流变破坏变形特点，建立合理的岩石流变模型，丰富和完善岩石流变力学理论研究，预测岩体工程的长期稳定与安全性，具有重要意义。

1.2 国内外研究动态

1.2.1 岩石流变特性试验和试验设备研究

1.2.1.1 流变特性试验研究

流变特性试验是研究岩石流变力学特性的重要途径，试验研究结果可以揭示岩石在不同温度、饱和度以及不同应力水平和应力路径等条件下的流变特性，为建立合适的流变本构模型和进行工程岩体流变数值分析提供有关流变参数。流变试验方法主要有单轴压缩、拉伸、弯曲、剪切、拉剪、双轴压缩及三轴压缩、剪切等。

在国外，Riggs 最先采用蠕变试验对灰岩、页岩和粉砂岩等软弱岩石进行了研究，开启了岩石流变力学特性试验研究和流变理论的大门[10]。研究成果表明，当中等强度岩石加载达到最大应力的 12.5%~80%时，蠕变就会不同程度的出现。随后众多国内外学者相继进行了相关方面的研究，并取得了一定的研究成果。

Vouille 等进行了不同温度、偏应力及围压条件下盐岩的单轴和三轴蠕变试验，并通过对其松弛特性的研究探讨了盐岩的蠕变破坏准则[11]；Okubo 等研制了刚性试验机并通过压缩蠕变试验测得了砂岩、大理岩以及安山岩岩样的蠕变曲线，基于蠕变曲线提出可以体现岩石三阶段蠕变的本构方程[12]；Malan 进行了深部金矿硬岩的时效研究，指出在高应力条件下硬岩也会产生显著的流变特性[13~15]。

Y. Fujii 等通过花岗岩和砂岩的三轴压缩蠕变试验，指出环向应变判定岩石损伤[16]；Maranini 等通过石灰岩的单轴和三轴压缩蠕变试验，指出石灰岩的蠕变变形机理主要为低围压下裂隙扩展和高应力下孔隙闭合，并基于 Csritesuc 理论提出了非关联黏塑性蠕变本构方程[17,18]。

Gasc-Barbier 对黏土质岩进行了各种加载路径和各种温度下的三轴蠕变试验；大量试验结果表明，随着偏差应力和温度的增高，应变的速度和应变的大小均呈现增大趋势；加载历史和蠕变速率密切相关，试验 10 天后应变速度趋于稳定，而两年后变形仍然保持此稳定速率而未衰减[19]。

Diansen 等用数字图像相关（DIC）技术对非饱和黏土岩的收缩、膨胀和蠕变等延迟特性进行了实验研究；采用一个特定的优化的光学装置来测量黏土岩在单轴压缩和不同环境下的不同尺度（100μm-cm）的低应变率；通过控制岩样周围环境湿度使天然黏土岩吸水或脱水，再对得到的非饱和试样进行不同荷载作用的蠕变试验；结果表明，蠕变应变速率随水分或施加的应力增加而提高。在相对湿度 75% 的应变率大约比干燥状态下（相对湿度为 25%）应变率大一个数量级[20]。

我国的岩石流变研究始于 20 世纪 50 年代。近年来，国内许多大型工程的兴建促进了岩石流变特性的试验研究，并取得了一系列的研究成果。孙钧[1]对上海地区的软土和泥岩、砂岩等进行了系统的研究。李永盛采用 Instron 伺服刚性试验机对四种不同的岩石进行了单轴蠕变试验与应力松弛试验，分析了其蠕变和松弛规律等时效特性[21]。徐平等根据三峡船闸区花岗岩的蠕变试验指出该岩石时效特性存在门槛值，当应力超过门槛值时变形随时间增加的趋势急剧增大[22]。郭志论述了软岩流变速度与作用荷载之间的关系[23]。许宏发进行了软岩单轴蠕变试验，指出软岩的弹性模量和强度均随时间的延长而减小[24]。

进入 21 世纪之后，许多大型岩土工程的兴建使得岩石流变特性的试验研究更趋活跃。

A　考虑含水率、渗流和温度等因素影响的试验研究

朱合华等对浙江的上三线高速公路的任胡岭隧道岩样进行了蠕变试验研究，探讨了岩石蠕变受含水状态影响的规律性[25]。

张云等采用单向压缩试验研究了常州不同含水层饱和砂性土的蠕变特性[26]。

冒海军针对南水北调西线板岩长期时间效应下的蠕变特性进行了研究。分析

了轴压、围压等对板岩蠕变变形的影响，初步分析了水对板岩蠕变变形的影响[27]。

刘江等对金坛盐岩蠕变规律进行了大量的三轴蠕变试验研究，分析了不同应力以及温度对盐岩蠕变特性的影响，通过试验获取了蠕变曲线。试验结果表明，稳态蠕变速率和偏应力、温度的关系是非线性，并给出了函数形式[28]。

郭富利等研究了宜万铁路堡镇隧道高地应力大变形段中所揭示的黑色炭质页岩在不同饱水时间和不同围压下软岩强度的变化规律，探讨了围压和饱水状态对软岩强度的影响规律，详细分析了二者对软岩强度变化的作用机制及特点[29]。

阎岩等通过对试验设备与工艺的改进与完善，建立了岩石渗流与蠕变耦合的试验系统与试验方法。以多孔隙石灰岩为对象，研究了不同应力及水压作用下岩石试件的流变力学特性[30,31]。

于洪丹、陈卫忠等对厦门海底隧道工程中的天然花岗岩和强风化花岗岩岩样进行了三轴流固耦合试验以及三轴流变试验，对其流固耦合作用下的力学特性进行了研究，建立了力学模型并进行了验证，分别建立 D-P 模型和 M-C 模型来描述风化槽岩石的弹塑性硬化及塑性流动行为[32,33]。

黄书岭等对水压和应力耦合作用下锦屏深部大理岩进行了三轴压缩蠕变试验，研究其变形时效特性、等时曲线特征以及时效破坏机制。研究结果表明，孔隙水压可以增强大理岩的时效变形能力；可采用裂纹扩容失稳应力强度比判断硬脆性岩石是否发生失稳蠕变；脆性岩石扩容蠕变效应特征显著；发生加速蠕变时，等时曲线呈显著非线性特征[34]。

王如宾等对坝基坚硬岩石进行了考虑渗透水压力影响的三轴流变特性试验，研究其在不同围压条件下的蠕变特点和渗流速率与时间的关系；只有当施加应力水平大于或小于但接近岩石破裂应力水平时，岩石才会表现出较为明显的加速蠕变特性；其环向蠕变变形量明显大于轴向蠕变变形量，表现出明显体积扩容现象，加速蠕变阶段的渗流速率明显增大[35]。

何峰等基于煤岩瞬态渗透法，对煤岩试件进行蠕变-渗流耦合试验；通过蠕变破裂过程中不同围压以及孔压的试验，拟合出相应蠕变-渗透率曲线，揭示渗透率的变化和煤岩试样的蠕变损伤的一致性[36]。

黄明等基于不同含水状态下 T2b2 泥质粉砂岩蠕变特性的试验研究结果，建立蠕变模量与含水率之间的数学关系式[37]。

张玉等采用岩石三轴伺服仪开展渗流—应力耦合作用下的流变和渗透特性试验研究。探讨了轴向、侧向及体积流变特性和速率变化规律，详细分析了流变过程中渗流规律和演化机制，采用微细观电镜扫描试验研究了破坏岩样宏微观破坏机制[38]。

刘泉声等进行了三峡花岗岩高温条件下的单轴和三轴压缩蠕变试验，研究了应变和黏聚力与温度和时间的关系，反映了温度和时间对三峡花岗岩变形特性和强度特性的影响规律[39]。

高小平等对经历了不同温度的盐岩蠕变特性进行了研究，基于蠕变曲线和岩石参数，得到了其稳态蠕变速率本构方程，并导出了与时间有关的损伤率方程和损伤表示的蠕变力学参数演化方程[40]。

张宁等采用高温高压三轴试验机进行了高温三维应力下大尺寸鲁灰花岗岩蠕变特性的试验研究，温度最高达 600℃，轴向应力最高达 175MPa。结果表明，三维应力条件下鲁灰花岗岩不同温度下的轴向蠕变和体积蠕变变形均可划分为瞬时蠕变阶段、稳态蠕变阶段和加速蠕变阶段；高温三维应力条件下，岩样的体积和不同方向尺寸均随蠕变时间的增加出现增长[41]。

朱元广等基于不同温度下花岗岩单轴抗压蠕变的试验结果，分析了温度对花岗岩整个蠕变损伤过程的影响特征，认为温度对花岗岩的瞬时弹性模量产生热损伤并加速花岗岩的后续蠕变损伤过程[42]。

王春萍等以北山花岗岩为研究对象，采用 MTS815 岩石力学试验系统开展不同温度条件下的蠕变特性试验研究[43]。

刘小军等利用 Instron 全数控电液伺服力学试验机对贵州黔东南地区隧道洞口的碎裂板岩进行了单轴压缩蠕变试验，研究其自然风干、不完全饱和和饱和等不同含水状态下的试样的蠕变特性[44]。

苏白燕等利用岩石直剪流变仪对重庆武隆鸡尾山滑坡滑带（炭质泥质灰岩）进行了岩石饱水直接剪切流变试验。通过分析得到了滑带炭质泥质灰岩的剪应力—剪切位移曲线，进而得到软岩的长期强度；与自然状况下相比，炭质泥质灰岩饱水状况下的长期强度有明显降低，摩擦系数降低 13.87%，瞬时剪切的摩擦系数低 40.91%，黏聚力降低 13.81%，瞬时黏聚力降低 36.67%[45]。

蒋海飞等对重庆某深部细砂岩进行了不同水压下分级加载蠕变试验。试验表明，孔隙水压增强了砂岩的变形能力，但在加载的初始阶段，孔隙水压力在一定程度上抑制了轴向变形；当应力水平高于屈服应力时，横向蠕变速率明显大于轴向蠕变速率，且横向蠕变率先进入加速蠕变阶段；黏弹性模量随时间呈指数函数变化[46,47]。

B 卸载试验

闫子舰等对锦屏大理岩进行了恒轴压分级卸围压的室内三轴压缩蠕变试验，提出试样蠕变量的大小由应力差决定，轴向的蠕变变形和侧向的蠕变变形规律明显不同，在建立三维本构时，必须考虑试样的整体变形特性[48]。

李栋伟等通过高围压固结、低温冻结后再加卸载的试验方法模拟白垩系冻结软岩地下工程施工应力状态变化过程。研究表明，冻结软岩存在起始临界应力阈值，且符合 Mises 强度准则，软岩黏滞系数是时间的一次函数[49]。

熊良宵等对绿片岩进行了双轴压缩状态下的加卸载蠕变试验，基于摩尔-库仑准则得到塑性元件，将该元件与黏弹性流变模型串联得到复合黏弹塑性流变模型[50]。

龚囱等对红砂岩进行了分级循环加卸载试验，研究了试件在减速蠕变、等速蠕变与加速蠕变阶段的声发射振幅特点以及能量特征，研究表明在等速蠕变阶段和减速蠕变阶段微破裂的尺度相对较大；而在加速蠕变阶段，微破裂在更大尺度的范围内发生。试件损伤主要发生在减速蠕变与加速蠕变阶段[51]。

左亚等采用 RLW-2000 岩石三轴流变试验系统进行了节理软岩恒轴压一次卸围压的流变试验，详细分析了相同轴压不同围压和相同围压不同轴压条件下试样轴向及侧向蠕变随时间的变化规律，以及蠕变速率随时间的变化规律和试样的破坏形态[52]。

C　加载试验

朱明礼、朱昌星、朱杰兵、张明、黄书岭、刘宁、吴创周等对锦屏二级水电站引水隧洞绿砂岩、板岩、绿片岩等进行了剪切流变试验、恒轴压逐级卸围压试验、单轴压缩蠕变试验、双轴压缩流变试验、三轴流变试验的应力路径开展室内流变试验，分析了岩石各种条件下的蠕变变形特性[53~59]。徐卫亚、蒋昱州、沈明荣等对锦屏一级水电站坝基绿片岩、砂板岩和大理岩进行了三轴压缩流变试验和剪切流变试验[60~62]。

李轴等对广东某地的红砂岩开展不同围压下岩石的蠕变松弛特性，二向受力状态下岩石的蠕变松弛特性，多轴受力时饱水和风干状态下岩石蠕变松弛特性的对比等试验研究，获取了该种红砂岩多轴蠕变松弛特性的一些基本规律或现象[63]。

杨圣奇等利用岩石全自动流变伺服仪对饱和状态下坚硬大理岩和绿片岩进行了三轴压缩流变试验，研究了硬岩在不同围压作用下的轴向应变以及侧向应变随时间的变化规律，分析了岩石三轴流变过程中的塑性变形特性，讨论了流变应力水平对岩石侧向—轴向变形特性的影响规律，对不同围压作用下岩石流变破裂断口微细观特征进行了分析[64]。

范庆忠进行了轴向岩石和岩梁蠕变扰动效应试验，认为岩石蠕变扰动存在应变阈值，在蠕变条件下，应以应变值作为对扰动蠕变敏感和不敏感区域分界参数[65]。

崔希海等采用自行研制的流变仪，对红砂岩的蠕变特性进行了单轴压缩蠕变试验研究。试验结果表明，横向稳定蠕变阶段的应力阈值低于轴向稳定蠕变阶段的应力阈值；横向蠕变有明显的加速蠕变阶段，且比轴向加速蠕变阶段出现得早；轴向蠕变的第三阶段不明显，且一经出现试样随即破坏，岩石的长期强度应根据岩石进入横向稳定蠕变的阈值应力来确定[66]。

　　贺如平等对大岗山水电站坝区辉绿岩脉大型刚性承压板压缩蠕变试验过程、方法和试验成果进行研究，深入分析压缩蠕变变形随时间的变化规律[67]。

　　范庆忠等采用重力加载式三轴流变仪，在低围压条件下对龙口矿区含油泥岩的蠕变特性进行三轴蠕变压缩试验研究，分析蠕变条件下围压对岩石蠕变参数的影响，同时对其他时效变形特点进行分析[68]。

　　付志亮等对含油泥岩进行了分级加载三轴蠕变试验，以软岩非线性蠕变理论为基础，对含油泥岩的弹性模量、泊松比、蠕变变形速率进行了测试和研究。研究表明，含油泥岩的侧向蠕变有明显的各向异性特征，横向蠕变加速阶段明显，轴向蠕变则不明显；泊松比与蠕变呈非线性关系[69]。

　　王志俭等采用 RLM-2000 微机控制的岩石三轴蠕变试验机，对万州二层岩滑坡的砂岩进行蠕变试验，分析了试样蠕变规律，采取 Burgers 模型对砂岩流变曲线进行辨识并确定模型参数[70]。

　　陈卫忠等对国投新集刘庄煤矿西区井底车场炸药库回风巷深部泥岩进行了现场大型真三轴蠕变试验，详细分析了泥岩的蠕变规律[71]。

　　彭芳乐等利用室内多应力路径平面应变压缩试验结果，分析和研究密实砂土变形和强度特征的应力路径和加载速率效应[72]。

　　谌文武等采用分级加载方式对甘肃引洮输水工程 7 号试验平硐红层软岩进行了一系列单轴压缩蠕变试验，研究了其蠕变特点[73]。

　　李良权等对粉砂质泥岩常规三轴压缩试验和三轴压缩流变试验，对其常规力学特性和流变力学特性进行了对比，研究了长期荷载对粉砂质泥岩流变力学参数的影响[74]。

　　陈绍杰等对山东某矿煤岩进行了短时流变试验。结果表明，该煤岩蠕变门槛系数为 0.915、流变系数为 0.383；煤岩流变破坏呈现空间不均匀性，整体以塑性破坏为主；煤岩流变过程中有损伤存在，大量损伤的积累与贯通导致了煤岩试件破坏；煤岩蠕变的过程同时又损伤软化和蠕变硬化两种机制[75]。

　　陈文玲等对黑河水库左坝肩软弱变质岩—云母石英片岩进行了三轴蠕变试验，分析了流变参数和时间的关系，得到了云母石英片岩的蠕变特性、等时应力应变特性和蠕变经验公式[76]。

　　郭臣业等对永川煤矿砂岩进行不同加载水平的峰后蠕变试验，采用改进的西原模型分析破裂砂岩蠕变规律，表明破裂砂岩失稳蠕变和煤岩的蠕变具有相似的规律，且存在长期强度[77]。

　　韩庚友等对丹巴水电站薄层状岩石二云石英片岩进行了加载方向分别为平行片理面（0°）、垂直片理面（90°）及与片理面成 30°夹角 3 个方向的单轴蠕变试验，研究不同加载方向的蠕变规律，分析了片理面对二云石英片岩蠕变的影响，并根据蠕变试验数据拟合出改进的西原模型参数[78]。

陈从新等对沪蓉西高速公路的巴东组红层软岩进行了室内流变试验，研究了其变形特性，并建立了考虑结构面闭合变形的流变本构模型[79]。

伍国军等进行了锚固系统界面的剪切流变试验。试验表明，剪切面方向的剪切变形在剪应力水平相同的条件下随时间增加；当剪切应力值超过应力阈值时，剪切流变表现出加速流变破坏阶段，锚杆的轴向变形值随时间增长而有所增加，锚固力呈现松弛趋势[80]。

刘保国等采用单试件法对宝鸡市秦源煤矿泥岩进行了不同应力水平不同时间段蠕变试验，测得泥岩蠕变过程中各力学参数的变化值，在试验数据进行分析的基础上建立该泥岩力学参数随应力水平、长期强度及时间的耦合呈指数衰减变化函数关系，得到了泥岩力学参数损伤规律的通用表达式[81]。

范秋雁等对南宁盆地泥岩进行了无侧限和有侧限单轴压缩蠕变试验，分析了泥岩蠕变过程中的细观和微观结构上的变化，分析了岩石的蠕变机制[82]。

沈明荣等对完整红砂岩进行了单轴蠕变试验，提出确定岩石长期强度的新方法，预测了岩石在荷载作用下可能破坏的时间[83]。

于怀昌等采用岩石三轴流变伺服仪对饱和粉砂质泥岩进行了分级加载条件下的三轴压缩应力松弛试验。研究了不同应变水平下岩石的应力松弛速率、径向应变、体积应变和松弛模量随时间的变化规律，以及粉砂质泥岩三轴压缩应力松弛特性[84]。

张治亮等基于向家坝水电站砂岩三轴蠕变试验成果，分析了岩石轴向和侧向蠕变规律，结果表明应力较低时岩石仅发生衰减蠕变和稳态蠕变，岩石变形满足Burgers蠕变模型。当应力达到一定水平时，岩石发生加速蠕变破坏[85]。

杨典森等利用数字图像相关技术研究了金坛岩盐不同尺度下蠕变过程及损伤演化。数字图像测试技术给出材料不同尺度全场应变分布，并跟踪裂纹的发展变化。试验结果表明蠕变速率随应力水平的提高而增加，而细观蠕变速率与其对应的结构紧密相关[86]。

于怀昌等对饱和粉砂质泥岩分别进行了相同围压下常规三轴压缩试验、三轴压缩蠕变试验以及三轴压缩应力松弛试验。从岩石破裂机制方面解释了三种试验条件下岩石强度和变形差异产生的原因；采用Burgers模型进行了试验曲线拟合和参数辨识，比较了常规力学试验得出的剪切模量与蠕变模型和应力松弛模型得出的瞬时剪切模量大小关系，并比较Burgers蠕变模型与应力松弛模型对应参数值之间的大小关系[87]。

汪为巍、赵延林、张耀平、李江腾、曹平等对金川有色金属公司矿区岩样进行了蠕变试验和损伤规律研究，对其蠕变特性、损伤机制和蠕变模型等进行了深入的研究[88~92]。

陈卫忠等对Boom Clay进行了不同应力水平下的室内固结和三轴蠕变试验，

研究了其蠕变规律，建立了由不可恢复应变表示的分离型屈服面蠕变本构模型[93]。

王观琪等对 314m 高的双江口土石心墙坝工程，使用大型高压三轴仪对上、下游堆石料进行了流变特性试验研究，分析了堆石料梯级加载和单级加载的流变曲线的发展规律，给出流变经验模型及其参数[94]。

雷华阳等采用典型的滨海相软黏土进行室内蠕变和加速蠕变试验，研究不同围压、加荷比、振动频率、动应力比对软黏土蠕变特性的影响，并通过对比得出了不同试验条件下滨海软黏土的加速蠕变的变化规律[95]。

李连崇从岩石材料内在物理力学性质受环境影响随时间劣化与岩石内部细观损伤积累的角度出发，引入岩体细观表征单元体的强度退化模型，开展了岩质边坡的时效变形与破坏特征的研究[96]。

王志荣等对平顶山盐田的纯盐岩、互层状盐岩和泥岩夹层等三种岩石试样进行了单轴和三轴压缩蠕变试验。结果表明，变形主要由盐岩层贡献，同时层间变形的不协调导致互层状盐岩在稳态蠕变阶段出现泥岩夹层的颈缩内陷和盐岩层的膨胀外突破坏现象；根据互层状盐岩的蠕变特征，建立起蠕变模型，并根据试验数据拟合出模型参数[97]。

王军保等利用 RLW-2000 岩石流变试验机对灰质泥岩进行了分级加载三轴压缩蠕变试验。试验显示，偏应力越大灰质泥岩瞬时变形、蠕变变形和稳态蠕变速率越大，可用幂函数表示稳态蠕变速率和偏应力的关系；蠕变变形是非线性的，其弹性模量随蠕变时间增加而逐渐减小，可用 Logistic 函数描述；蠕变曲线可用6 元件扩展 Burgers 模型进行拟合[98]。

王兴宏等采用 MTS815 多功能岩石试验机对重庆北碚车站隧道茅口灰岩岩样进行了短时单轴压缩蠕变试验，研究其蠕变特性，并采用 Poyting-Thomson 模型对其蠕变曲线进行了拟合，获得了流变模型各项参数[99]。

综上所述，目前关于岩石流变特性的试验研究已取得了很多成果，但还是存在很多的问题，并且对于某些方面影响研究还不够深入。实际工程岩石的变形往往要经历数年甚至数十年，而普遍的试验研究只有几十个小时，并且未考虑试验条件和工程实际的差距以及对试样的扰动，不能真实反映荷载长期作用下应变的变化。对与温度、含水率、渗流等耦合的蠕变试验及节理岩体的各向异性研究相对很少，对岩石蠕变过程中的细观损伤变化的研究以及细观和宏微观结合的研究还有待深入。

1.2.1.2 试验设备和试验方法

陈沅江对 CFQ-1 型单轴蠕变试验仪进行了改装，使之能进行结构面的直剪蠕变试验，并自行研制开发了用于软岩流变研究的蠕变—松弛耦合试验仪[100]。

　　李化敏等利用自行研制的蠕变试验装置，采用不同加载方式进行了南阳大理岩单轴蠕变试验研究，得出蠕变强度与瞬时强度之比为 0.9 左右的结论[101]。

　　张向东等采用自行研制的重力杠杆式岩石蠕变试验机，对泥岩进行了三轴蠕变试验研究，建立了泥岩的非线性蠕变方程[102]。

　　孙晓明等根据深部软岩非线性力学行为研究的需要，研制了一套能进行三轴拉压、拉剪等多种组合试验和对不同加卸载过程进行模拟的试验系统，为深入研究深部工程岩体的力学行为提供新手段[103]。

　　邬爱清等对 TLW-2000 型岩石三轴蠕变试验仪进行了改进，该仪器能自动稳压、自动记录并能进行高围压三轴流变试验，采用电液伺服、滚珠丝杠等技术改进稳压系统[104]。

　　崔希海等研制了重力驱动偏心轮式杠杆扩力加载式流变仪，扩力比稳定为 120，误差小于 4‰，能够实现任意长时间的恒定加载，满足流变试验的要求[66]。

　　陈晓斌等自行设计了单轴流变试验仪，并在其上进行了红砂岩粗粒土流变试验，分析了红砂岩粗粒土的流变特性[105]。

　　尹光志等利用自行研制的含瓦斯煤三轴蠕变实验装置，对预制的成型煤样在不同围压和不同瓦斯压力下完成了蠕变实验，研究了不同应力水平下轴向变形的变化趋势，分析了不同围压下含瓦斯煤的蠕变失稳特征[106]。

　　张强勇等研制了一种由高压加载系统、智能液压控制系统和反力装置系统组成的高地应力真三维加载地质力学模型试验系统，用以模拟深部岩体在高地应力条件下的非线性变形破坏[107]。

　　崔少东分析了现行流变仪器的优缺点，研制了一台能同时进行五个不同条件下流变试验的五联单轴流变仪[108]。

　　高延法等研发了轴向荷载采用重力加载的 RRTS-Ⅱ 型岩石流变扰动效应试验仪，该仪器结构合理，性能稳定，精确度较高，可用于单轴和低围压三轴压缩蠕变扰动效应试验。压力可达到 100MPa，扩力比可达 60～100 倍，能够施加冲击与爆破两种扰动荷载；配有三轴压力室，使用高压气体储能器提供可达 10MPa 的围压；并配备有荷载、位移、应变和振动测试系统及相应的数据处理软件[109]。

　　张世银等将现有的压力试验机改造成可用于高围压三轴剪切试验和围压恒定条件下的三轴蠕变试验的高性能岩石三轴试验机，可以采用计算机控制试验条件，并自动记录试验数据[110]。

　　李维树等针对高地应力环境岩体开挖卸荷后应力变化复杂等特点，研制了 RXZJ-20000 型微机伺服控制岩体真三轴现场蠕变试验系统，为研究深部岩体在多向应力条件下的时效性提供新的手段，适用于大型人工边坡、深埋大跨度隧道及地下洞室的坚硬岩体和软岩长期蠕变试验，是目前国内外最先进的大型现场伺服试验仪器[111]。

总之，试验仪器的精度不断提高，加载方式更加多样化，试验条件的控制更准确，数据的采集更方便，能够实现各种工程情况下以及研究者多种要求的试验方案，为岩石的流变特性研究提供可靠的保障。

1.2.2 本构模型研究

岩石流变的本构模型研究是岩石流变力学理论研究中最基本也是最重要的组成部分，同时也是将试验研究成果用于工程实践的必经环节。目前，主要采用两种方法来建立岩石流变本构模型：（1）传统方法，直接用经验方程法来拟合由岩石或岩体的流变试验获得的流变试验曲线，或者根据流变试验结果，通过串并联模型元件，来建立岩石流变本构模型。近年来，很多研究者把由试验数据拟合的与时间、应力、温度、应变、损伤等有关的力学参数经验公式代入传统模型元件模型中，得到新的力学模型。（2）运用新理论，采用非线性流变元件理论、损伤力学以及断裂力学理论、内时理论来建立岩石流变本构模型。根据这些方法建立的流变本构模型能较好地描述岩石的加速流变阶段。

1.2.2.1 经验模型

岩石流变经验模型是指通过对岩石在特定条件下进行一系列流变试验，在获取流变试验数据后，利用试验曲线进行拟合，从而建立岩石流变经验模型。经验模型中主要有老化理论、遗传流变理论、流动理论和硬化理论等几种流变方程理论。老化理论中，常用幂函数型、对数型、指数型以及三种混合的经验公式来描述岩石的衰减蠕变和等速蠕变。

张向东等采用老化理论，并假设等时曲线相似，变形函数采用幂次函数关系，建立了泥岩的非线性蠕变方程[112]；齐明山采用幂律型蠕变模型拟合岩石除第三阶段蠕变以外的试验数据[113]；尹光志等采用回归法得到某煤矿型煤煤样蠕变的经验公式，运用广义西原蠕变模型描述了型煤蠕变的三阶段[114]；阎岩根据参数随应力、时间及渗流等的分布规律经非线性拟合得到各蠕变参数与应力及时间的表达式，得到变参数的蠕变方程[30,115]；陈卫忠等在深部软岩大型三轴压缩流变试验基础上提出泥岩非线性幂函数型蠕变模型，可反映不同应力水平下深部软岩的流变规律[116]。

伍国军等在锚固系统界面力学特性的剪切流变试验基础上，提出基于经验的非线性剪切流变模型，该模型考虑了法向应力对剪切流变的影响，推出了剪应力水平表示的流变模型参数函数，可描述剪切流变三阶段蠕变过程[117]。

经验模型简单直观，与具体的岩石试验数据吻合较好，但通常只能反映特定应力路径及状态下岩石的流变特性，难以反映岩石内部机理及特征，并且无法描述加速流变阶段，不能在其他岩石或工程中推广应用。

1.2.2.2　元件组合模型

岩石流变元件模型中著名的有 Maxwell 模型、Kelvin 模型、Bingham 模型、Burgers 模型、理想黏塑性体、西原模型等。由于线性流变模型的组合元件是线性的，无论其组合形式如何复杂，模型均无法描述岩石流变的非线性特征，而且也不能反映岩石的加速蠕变阶段。于是，一些学者将组合模型中的线性元件改为非线性元件，形成了非线性元件模型。

张为民、刘朝辉等提出了在黏弹性经典理论中利用 Abel 黏壶取代传统的 Newton 黏壶的观点，构造出含分数导数的标准线性体来描述材料的流变特性[118,119]。之后，殷德顺、郭佳奇、康永刚、周宏伟、宋勇军、陈亮、吴斐等相继将分数阶导数引入到传统元件组合模型或者与损伤耦合的元件组合模型中得到新的黏弹塑性模型，并对蠕变实验得到的蠕变曲线进行拟合和参数辨识，结果表明，引入分数阶导数表示的黏壶可以提高拟合的精度，证明了其合理性[120~127]。

徐卫亚等对传统广义 Bingham 模型和五元件广义开尔文模型进行了改进，建立了两种可以描述加速蠕变的非线性模型。对于广义 Bingham 模型，用非线性函数表示衰减蠕变和稳态蠕变，用损伤变量表示加速蠕变，建立了蠕变损伤本构方程；将五元件线性黏弹性模型和非线性黏塑性体串联，建立新的岩石非线性黏弹塑性流变模型（河海模型）；分别利用岩石试样流变试验得到的蠕变试验曲线，对提出的损伤模型和非线性黏弹塑性模型进行参数辨识，验证了模型的合理性和实用性[128,129]。

刘江等提出稳态蠕变率是偏应力和温度的非线性函数关系，并提出盐岩的稳态蠕变本构方程，建立了盐岩蠕变本构模型。该模型形式简单，可描述衰减蠕变和稳态蠕变，通过对蠕变曲线进行拟合，验证了模型的合理性[28]。

袁海平等基于摩尔—库仑屈服准则，提出了新的塑性元件，与典型的 Burgers 模型串联，形成了能模拟黏弹塑性偏量特性和弹塑性体积行为的改进蠕变模型[130]。

朱鸿鹄等通过一系列室内三轴排水及不排水蠕变试验研究了珠江三角洲软土在不同的排水条件和应力水平下的蠕变特性。根据实验结果，建立了珠江三角洲软土排水与不排水条件下的 Singh-Mitchell 蠕变模型，其中应力应变关系采用指数函数，应变时间关系采用幂函数[131]。

陈锋等在本构模型引入损伤变量，在损伤等效应力中引入考虑偏应力和围压影响的函数，建立了一种能反映 Norton Powe 盐岩蠕变和加速蠕变的本构模型，并利用该模型对某盐矿盐岩实验数据进行拟合，获得了本构模型的参数[132]。

付志亮等根据三轴蠕变试验中含油泥岩蠕变力学参数的变化规律，推导了横向各向异性的非线性蠕变方程[69]。

罗润林等提出一个类似于开关的 SO 元件，将其和牛顿体并联后再串联一个广义 Kelvin 体的模型。通过开关元件的作用，新模型转化为 Burgers 模型与广义 Kelvin 模型。并将 Burgers 模型中牛顿体的黏滞系数视为时间的参数，使得模型既可反映稳态蠕变阶段也可反映加速蠕变阶段[133]。

蒋昱州等提出了一个非线性黏滞系数的牛顿体模拟岩石加速蠕变阶段的力学状态特征，建立了新的岩石非线性黏弹塑性蠕变模型。该模型既能够模拟岩石非线性蠕变的衰减和稳态阶段，也可以描述加速蠕变阶段，在一定条件下该模型可转变为伯格斯或西原模型[61]。

赵延林等在岩石蠕变试验结果分析的基础上提出由弹性体、村山体和改进宾汉姆体串联而成的非线性弹黏塑性模型，并对模型参数进行了辨识[89]。

吕爱钟等分析了岩石蠕变试验数据，考虑参数的时间相关性，通过反分析方法建立了一维情况下的非定常黏弹性模型的蠕变方程，可更为准确地反映岩石的黏弹性变形性能[134]。

夏才初等根据岩石在不同应力水平下的加卸载蠕变曲线的特性，全面辨识出与 M. Reiner 组合的十五种流变力学性态对应的十五个流变力学模型。十五个流变力学模型和十五种流变力学性态一一对应，模型的辨识是唯一的。并根据所提出的统一流变力学模型和性质论述了不同应力水平下的加卸载蠕变试验结果辨识与岩石流变性态对应的流变力学模型的方法[135]。

褚卫江等基于一致性理论，推导了相关的黏塑性切线模量，研究了类 Hoffman 材料的推广条件及其一般性的推广方法，将线性 D-P 模型推广到一致性的黏塑性模型[136]。

朱明礼等基于大理岩剪切流变试验研究，引入与时间有关的参数，提出了一种非定常流变模型，建立了一维情况下的蠕变方程，可更为准确地反映岩石的黏弹性变形性能[53]。

张耀平等根据软弱矿岩流变试验结果建立了软岩的非线性蠕变模型，可以用统一的蠕变方程来描述软岩蠕变衰减、稳定和加速阶段[90]。

王维忠等对广义西元模型进行了改进，建立了含瓦斯煤岩三轴蠕变本构模型，可以较好地表征含瓦斯煤岩三轴蠕变本构关系[137]。

王安明等根据应变协调原理，同时考虑了泥岩夹层和盐岩的弹性性质以及盐岩的蠕变特性，用细观力学理论建立了层状盐岩体非线性蠕变本构模型，探讨了其蠕变中应力重分布的问题[138]。

熊良宵等推出了两种适合于硬岩的流变模型。将基于应变软化模型得到塑性元件与六元件黏弹性流变模型组合得到一种复合黏弹塑性流变模型，并对绿片岩单轴压缩蠕变试验曲线进行拟合和参数辨识；又将 Bingham 体中的黏滞系数修正为时间和应力的函数，再与黏弹性流变模型组合，得到能够反映三阶段蠕变的非线性黏弹塑性模型，并采用砂板岩的蠕变试验曲线验证了其合理性[139,140]。

崔少东在 Bingham 模型引入泥岩的力学参数弱化规律，建立了泥岩的一维非定常流变模型，验证了模型的合理性，并采用 D-P 准则将一维模型扩展到三维模型[108]。

杨文东等根据辉绿岩不同应力水平下的三轴流变试验曲线的特点，提出由 Hooke 体、黏弹塑性村山体、非线性黏塑性体串联而成的可描述岩石蠕变的三个阶段的岩石非线性黏弹塑性流变模型，推导了该模型的三维蠕变方程，并利用不同应力水平下岩石蠕变试验曲线对力学参数进行了反演[141]。

曹平等引入非线性蠕变体模型，定义应力和长期强度的比值为加速蠕变率的幂级数，加速蠕变开始时的总蠕变量为蠕变特征长度，结合流变力学模型理论，推出新的黏弹塑性模型。采用该模型对东乡铜矿砂质页岩单轴压缩下分级增量循环加卸载蠕变试验曲线进行拟合，验证了其合理性[142]。

彭芳乐等为模拟加载和卸载阶段的丰浦砂土黏性特征，基于三要素模型的基本框架提出瞬时黏性效应（TESRA）模型，能够比较精确地模拟砂土在加卸载循环过程中的黏性特征[143]。

张治亮等根据岩石三轴蠕变试验数据分析，提出加速蠕变启动元件，将其与 Burgers 模型串联，建立了新的非线性黏弹塑性蠕变模型，并对其蠕变特性进行了讨论，推导了三维应力状态下的岩石蠕变本构模型公式，研究了蠕变参数辨识方法[144]。

赵宝云等为模拟岩石加速蠕变特性，将改进的非线性黏性元件与三元件广义 Kelvin 模型串联，组成新的非线性黏弹塑性蠕变模型，并基于 BFGS 非线性优化算法对模型参数进行了识别[145]。

孙钧等将挤压大变形归属为变形速率快而收敛速率慢的非线性流变变形范畴，在分析挤压大变形流变力学机制的基础上，分别提出非线性二维黏弹塑性本构模型和大（小）变形三维黏弹塑性本构模型，并进行了相关专用程序的研发[146]。

齐亚静等将带应变触发的非线性黏壶和西元模型串联得到新的模型，推导了恒应力下的三维蠕变本构方程，并采用该蠕变模型对三峡库区万州红层砂岩蠕变试验全过程曲线进行了拟合，获得了模型各力学参数数值[147]。

张永兴等基于深埋隧道炭质板岩高围压不同含水状态三轴蠕变试验数据的分析，将一个由非线性黏壶与塑性体并联而成的非线性黏塑性元件与 Burgers 模型串联形成新的可描述加速蠕变的模型，采用该模型的蠕变方程拟合了不同含水状态炭质板岩的蠕变曲线，获得了对应的力学参数数值。结果显示，变形模量、黏滞系数随含水率增加呈指数形式递减规律，进而建立了考虑含水损伤的非线性蠕变模型，可充分反映不同含水状态对炭质板岩的蠕变损伤特性[148]。

佘成学等对岩块与节理面的黏弹塑性流变破坏模型进行了研究，提出流变瞬时强度概念，建立了岩石和节理面一般形式的非线性黏塑性流变模型和完整的黏弹塑性流变破坏模型[149]。

王明洋等根据深部岩体在卸荷条件下能量释放消耗转移的过程中体积变形经历弹性回弹和扩容以及剪切变形可能经历峰值前和峰值后阶段的特点，引入 Jua-mann 导数，建立了深部岩体变形破坏全过程动态本构模型；该模型物理概念清晰、参数少，能够描述卸荷过程中与时间相关的体变回弹、扩容至破裂的全过程关系，深部岩体强度被调动的演化过程[150]。

王新刚等基于对西藏邦铺矿区的花岗岩干燥和饱和状态下的剪切流变特性的分析，提出由带有剪应力判断条件的 Kelvin 体和带有应变值判断条件的改进非线性 Newton 体黏壶组成的非线性黏弹塑性流变模型。该模型能反映不同等级剪切应力荷载作用下的岩石流变规律，可较合理地描述岩石加速流变阶段的非线性特征[151]。

王占军等选用双曲线型式衰减模型反映堆石料强度劣化的特性，建立了流变变形的双曲线型流动准则，并构建了流变模量表达式，从而建立了一个可统一考虑加载与流变过程的堆石料黏弹塑性本构模型[152]。

杨圣奇等将损伤因子引入岩石流变模型中，根据 Kachanov 提出的损伤理论，推导了岩石在各蠕变阶段中损伤演化方程，结合有效应力观点建立了岩石非线性损伤流变模型，可描述岩石的衰减、稳态和加速蠕变阶段，采用该岩石非线性损伤流变模型对泥岩的蠕变试验结果进行了模拟，验证了模型的合理性[153]。

王刚等针对端锚式锚杆—围岩结构体在长时条件下支护作用的演化机制，建立了端锚式锚杆—隧洞围岩耦合作用的流变理论模型[154]。

曹文贵等基于 Weibull 分布函数建立了反映岩石破裂全过程的损伤软化本构模型，探讨了岩石损伤软化模型参数与围压的关系，并结合力学参数对该模型的影响规律和岩石破裂过程全应力—应变试验曲线的特点，对参数进行了修正[155]。康永刚等用非牛顿黏壶修正 Kelvin 模型，再用一种非定常非牛顿黏壶和塑性体并联成黏塑性体，最后将二者与虎克体串联，给出一种改进的岩石蠕变本构关系及相应的蠕变函数，可以描述衰减蠕变、稳态蠕变和加速蠕变[156]。

沈才华等基于应变能理论，定义临界应变能密度值作为预测加速蠕变发生时刻的控制参数，采用西原正夫元件模型与 Perzyna 黏塑性理论相结合，考虑应力状态对加速蠕变的影响，用过屈服应力比函数反映加速阶段蠕变应变速率变化，建立了一种能描述蠕变全过程的加速蠕变本构模型[157,158]。

蒋海飞等采用不同函数的混合方程对岩石加速蠕变段进行拟合，用类比法提出新的非线性黏性元件，并将其与塑性体并联，得到一个可以反映岩石加速蠕变特性的非线性黏塑性模型，将该模型与 Burgers 模型串联，构建一个新的六元件非线性黏弹塑性蠕变模型，并推导了该模型在常规三轴应力状态下的蠕变本构公式[46]。

王萍等将泥页岩水化膨胀蠕变过程的膨胀元件与黏性元件并联，结合非线性黏塑性体，提出一种新的膨胀模型，可模拟泥页岩水化膨胀的衰减蠕变阶段、稳定蠕变阶段和加速蠕变阶段的水化膨胀非线性蠕变过程。采用该模型对泥页岩蠕变曲线拟合发现，该模型可以很好地描述泥页岩水化膨胀后岩石的蠕变特性[159]。

杨振伟等基于三维颗粒流程序，通过控制变量法分析了伯格斯模型中弹性系数、黏性系数和摩擦因数对瞬时强度特性和流变特性的影响。发现瞬时强度特性主要受马克斯伟尔体弹性系数和摩擦因数影响，而流变特性与各参数均呈现负相关性[160]。

陈剑文等研究了亚晶平均尺寸与流动应力的关系以及位错平均密度，确定了其微观变量演化模式，建立了盐岩微观和宏观变形之间关系，导出盐岩塑性本构方程，可体现盐岩塑性和蠕变的变形机制[161]。

1.2.2.3　损伤断裂流变模型

随着损伤断裂力学方法在岩石力学研究中的不断发展，在岩体损伤断裂流变模型的研究与应用方面也取得了不少进展。

陈卫忠等基于金坛储气库盐岩三轴蠕变研究成果，建立了盐岩的三维非线性蠕变损伤本构方程和损伤演化方程[162]。

范庆忠等根据单轴压缩条件下软岩蠕变特性，引入损伤变量和硬化变量，代替 Burgers 模型中的线性损伤、硬化变量，建立了一个软岩非线性蠕变模型，用统一的方程描述软岩衰减、等速和加速蠕变过程的变形特征[163,164]。

曹文贵等通过裂隙化岩体微观受力分析，建立裂隙化岩体损伤模型，并引进统计损伤理论，建立裂隙化岩体应变软化损伤统计本构模型，该模型能够充分反映裂隙化岩体的应变软化特性，参数物理意义明确[165]。

朱昌星等根据岩石蠕变条件下裂纹扩展特性，建立了一个能反映加速蠕变阶段的非线性黏弹塑性流变模型，进而根据时效损伤和损伤加速门槛值的特点，建立了非线性蠕变损伤模型，既可描述蠕变变形的 3 个阶段，也能合理地描述不同应力下岩石的各阶段的蠕变损伤[166,167]。

乔丽苹建立了描述砂岩水物理化学损伤的损伤变量表达式，提出了能够描述水物理化学作用对砂岩弹塑性变形特性影响的改进型 Duncan 模型以及考虑水溶液离子浓度的 H-P-CBurgers 蠕变模型[168]。

张强勇等考虑了岩体的损伤劣化效应，建立了流变参数随时间逐渐弱化的损伤本构模型，可直观反映材料的损伤劣化过程[169]。

蒋煜州等认为岩石处于衰减和稳态蠕变阶段时存在非线性硬化现象，而岩石处于加速蠕变阶段时，岩石内部的损伤不断加剧，将非线性硬化函数和损伤演化函数引入到 Maxwell 模型中，可表示岩石的加速蠕变[170]。

佘成学认为岩石受到的应力大于岩石长期强度时岩石出现损伤，岩石的黏塑性流变参数将随时间呈非线性变化，引进 Kachanov 损伤理论，建立了损伤表达式和考虑加载时间与应力的黏塑性流变参数表达式，进而对西原模型进行了改进，建立了非线性模型，可统一描述软岩和硬岩的蠕变破坏过程[171]。

胡其志等基于统计力学原理，借助分形岩石力学，推导了温度-应力耦合下的盐岩损伤方程。对广义 Bingham 蠕变模型，在衰减和稳态蠕变阶段引入一非线性函数，在加速蠕变阶段引入损伤，建立了盐岩考虑温度损伤的蠕变本构关系[172]。

朱杰兵对 Burgers 流变模型及改进的损伤 Burgers 模型参数进行了辨识，建立了非线性损伤黏弹塑性本构模型、损伤演化方程和变参数非线性 Burgers 模型[173,174]。

田洪铭等基于岩石扩容过程中损伤耗散能变化规律的分析，建立了蠕变损伤演化方程，通过引入蠕变损伤因子对 ABAQUS 软件自带的蠕变模型进行修正，得到非线性蠕变损伤模型，并对宜巴高速泥质红砂岩的三轴蠕变试验结果进行了反演[175]。

杨文东等认为岩体的蠕变参数是随时间逐渐弱化的，推出变参数的 Burgers 蠕变损伤模型，弥补了 FLAC^{3D} 自身流变模型的不足[176]。

伍国军等基于工程现场压缩蠕变试验分析，提出工程岩体流变效应的损伤因子，建立了非线性损伤黏弹塑性本构模型[177]。

刘桃根等在 Burgers 模型中，引入三种不同的损伤变量演化规律，建立了改进 Kachanov 蠕变损伤模型、应变控制蠕变损伤模型和统计损伤模型；经试验验证，三种蠕变损伤本构模型均可反映砂岩的流变特性，而统计蠕变损伤模型更具优势[178]。

朱元广等在西原模型中引入瞬时热损伤变量和考虑温度效应的蠕变损伤变量，建立了温度作用下花岗岩的蠕变损伤本构模型。通过不同温度下花岗岩的蠕变试验数据对建立的蠕变损伤模型参数进行识别，得到不同温度下蠕变损伤模型的材料参数[179]。

杨小彬等假定煤岩损伤演化是应力和时间的函数，同时引入非线性硬化函数推导了煤岩非线性损伤衰减蠕变方程和蠕变全过程方程[180]。

张华宾等对国内拟建地下盐穴储库的岩心进行三轴蠕变试验，得到泥质盐岩全过程蠕变试验曲线，基于试验的非线性蠕变特点和损伤力学理论，借助伯格斯模型建立了可以反映盐岩加速蠕变阶段的本构模型并给出参数辨识方法[181]。

曹文贵等在损伤理论基础上构建出可反映岩石非线性蠕变全过程的弹塑性损

伤体元件模型，通过引进能描述微元强度的参量建立损伤软化的模型[182,183]。

丁靖洋等通过盐岩流变—超声波试验得到了损伤变量随加载时间的函数关系式，在三元件模型中引入分数阶微积分理论及损伤理论，建立了损伤演化的盐岩分数阶三元件模型[184]。

杨圣奇等通过分析岩石流变过程中微裂纹的压闭和扩展过程，将损伤力学引入岩石流变模型中，采用 Kachanov 提出的损伤律，将岩石流变过程分为两个阶段，推导了岩石各阶段中损伤演化方程，并结合有效应力观点建立了可描述岩石蠕变三阶段的岩石非线性损伤流变模型[185]。

王春萍等提出了一种高温损伤流变元件，将其代替经典西原模型中 Newton 元件，构建了能够描述不同温度条件下花岗岩蠕变全过程的本构模型，并对不同温度条件下花岗岩单轴蠕变曲线进行了拟合，获得了温度对花岗岩蠕变关键参数的影响规律[43]。

刘小军等分析了浅变质板岩蠕变参数随饱和度的变化规律，将岩石受水影响的劣化效应定义为对各个蠕变参数的损伤，确立了损伤变量和损伤演化方程和考虑含水损伤劣化的浅变质板岩蠕变本构模型[186]。

王军保等根据损伤力学理论，通过引入 Kachanov 蠕变损伤演化规律构建了可反映岩石加载瞬时变形和加速蠕变的时效损伤的弹性体元件，将其与能够描述岩石衰减和稳态蠕变的分数阶黏滞体元件进行串联，建立了二元件非线性蠕变损伤模型及其蠕变方程[187]。

徐鹏等根据岩石的弹性蠕变特性和塑性蠕变特性分别建立相应的蠕变模型，继而得到岩石的黏弹塑性蠕变模型，再引入损伤因素，建立了弹塑性损伤蠕变模型，并对该模型参数进行敏感性分析，同时给出模型参数确定方法[188]。

王俊光等认为岩石在加速蠕变阶段内部产生随含水率变化的非线性损伤，将非线性损伤演化方程引入到改进的 Burgers 模型中，流变参数是含水率的函数，从而建立了非线性损伤蠕变模型[189]。

马春驰等在流变模型中引入加载塑性元件和黏塑性元件，建立了复合黏弹塑（弹—黏—黏弹—黏塑—塑）模型，继而引入反映节理分布的初始损伤张量及一种等效的依据黏塑性偏应变推导出的损伤演化方程，建立了一种新型的节理岩体等效流变损伤模型[190]。

于超云等在西原模型中引入与含水率有关的损伤变量和与时间相关的损伤变量，建立了考虑软岩含水劣化效应的变参数蠕变本构模型，并对模型的合理性进行了验证[191]。

1.2.2.4　基于内时理论的岩石流变本构模型

内时理论最初是由 Valanis 提出的，其最基本的概念为：塑性和黏塑性材料内任一点的现时应力状态是该点邻域内整个变形和温度历史的泛涵；变形历史用取决于变形中材料特性和变形程度的内蕴时间来量度；通过对由内变量表征的材料内部组织的不可逆变化，必须满足热力学约束条件的研究，得出内变量的变化规律，从而给出显式的本构方程[192,193]。Bazant 最早将内时理论推广应用到混凝土和岩石材料[194]。陈沅江从内时理论出发，通过在内蕴时间引入牛顿时间，在 Helmholtz 自由能中引入损伤变量，对它们分别进行了重新构造，采用连续介质不可逆热力学基本原理推导了软岩的内时流变本构模型[195]。

以不可逆热力学为基本原理而导出的岩石蠕变内时模型，可以比较准确地反映岩石的蠕变特性，且具有三维形式。若恰当地定义内蕴时间，该模型有广泛的适用性。但内时模型待定参数较多，在复杂应力条件下求解十分复杂甚至是困难的，目前的应用还较少。

1.3　主要研究内容

朱集煤矿 1112（1）运输顺槽顶板高抽巷深度近千米，在深部高地压的作用下，前期掘进支护的巷道出现围岩大变形和支护返修现象，严重制约了矿井的安全生产和经济效益。本书采用试验研究、理论分析和数值模拟相结合的研究方法，对 1112（1）运输顺槽顶板高抽巷围岩的流变力学特性和本构方程的构建进行分析研究。主要研究内容如下：

（1）围岩岩样基本力学性质的试验研究。采用现场钻取并经过超声波检测的不同岩性的围岩岩样，进行常规单轴和三轴压缩试验，研究围岩岩样的基本力学性质和变形特点以及围压对围岩力学参数和变形的影响规律。

（2）围岩岩样流变特性的试验研究。高地应力条件下围岩的流变现象突出。对泥岩、粉砂岩和细砂岩等围岩岩样开展不同应力水平下单轴和三轴流变试验研究，分析围岩岩样在不同受力条件和应力水平下的流变特性及其变化特点，探讨高围压对轴向和侧向变形以及破坏形式的影响规律。

（3）适合于巷道围岩的本构模型研究和流变力学参数的辨识。对围岩岩样高围压条件下的蠕变曲线特点进行分析，构建合理的流变模型，推导流变模型的流变方程、蠕变方程、松弛方程和卸载方程，并获得巷道围岩的流变力学参数。

（4）深井巷道围岩长期稳定性研究。将岩石流变力学特性的试验和理论研究成果应用于朱集煤矿 1112（1）运输顺槽顶板高抽巷工程实践中。采用 FLAC³ᴰ 有限差分软件，结合开发的非线性黏弹塑性模型程序，预测朱集煤矿深井巷道高地应力条件下围岩的长期稳定性，为工程实践提供依据。

本书采用现场调查研究、岩样力学行为试验研究、流变模型理论研究和数值模拟计算分析的研究方案。研究工作按照下列步骤开展：

（1）系统地收集相关工程资料和研究资料，包括朱集煤矿巷道顶底板和侧帮变形情况、巷道支护的初始设计和相关工程地质情况。

（2）现场采集开挖巷道围岩岩样并进行实验室常规力学试验，试验研究内容包括围岩密度、超声波速度、化学成分、微观结构、弹性模量、泊松比、黏聚力、内摩擦角、单轴抗压强度、变形性质和破坏形式，不同围压条件下的三轴抗压强度、变形性质和破坏形式。

（3）开展围岩岩样的单轴压缩流变试验和高围压条件下的三轴压缩流变试验，研究内容包括围岩岩样在单轴压缩和高围压三轴压缩条件下不同应力水平的轴向和侧向流变特性、变形规律和岩样破坏形式，高围压对流变特性的影响规律。

（4）根据相关研究理论，结合常规试验和流变试验数据，建立能够反映朱集煤矿深井围岩流变规律的力学模型和本构方程；结合试验得到的蠕变曲线利用模型的蠕变方程对力学参数进行辨识。

（5）结合朱集矿深井巷道开挖现状，建立巷道开挖影响的数值计算分析模型，采用 FLAC^{3D}有限差分分析软件进行高地压下深井巷道围岩长期稳定性模拟研究，计算巷道围岩变形数值，分析流变特性的影响，为巷道工程的支护和稳定提供合理的建议。

2 围岩岩样基本物理力学性质试验研究

为了确定岩石的基本力学性质和梯级加载流变试验的应力水平以及分析与时间相关的岩石流变力学特性，有必要对岩石进行常规单轴压缩试验和不同围压的三轴压缩试验。通过常规力学特性和长期荷载作用下岩石流变力学特性的比较分析，可以获得岩石流变力学特性更多的影响因素和规律性。有鉴于此，本章首先利用声波试验对泥岩、粉砂岩和细砂岩岩样的完整性和一致性进行筛选，并用磨片试验对岩样的化学成分和微观结构进行分析，然后采用 TAW-2000 微机控制电液伺服岩石三轴压力试验机对完整性良好、声波相近的岩石进行常规单轴压缩试验和常规三轴压缩试验研究，探讨不同岩性的围岩岩样的强度和变形特性以及破坏形式，分析不同围压作用下岩石的力学特性、变形特性和破坏形式，研究围压对岩石瞬时强度、轴向和侧向变形、弹性模量和泊松比的影响规律。

2.1 朱集煤矿1112（1）运输顺槽及顶板高抽巷的工程概况

2.1.1 工程地质条件

淮南矿业集团朱集煤矿1112（1）运输顺槽顶板高抽巷位于−906m水平，该区域地层为二叠系煤系地层，巷道围岩以泥岩、粉砂岩和细砂岩为主。勘察报告给出10个钻孔的勘察数据，在煤层顶板和底板岩层钻取泥岩、粉砂岩和细砂岩等岩样，测试得到的物理力学性质指标见表2-1。

表 2-1 原岩物理力学性质指标试验结果

项　目	顶　板			底　板		
	泥岩	粉砂岩	砂岩	泥岩	粉砂岩	砂岩
真密度/kg·m⁻³	$\dfrac{2449\sim3374}{2820}$	$\dfrac{2576\sim3245}{2919}$	$\dfrac{2595\sim3396}{3105}$	$\dfrac{2524\sim3305}{2823}$	$\dfrac{2721\sim3356}{2986}$	$\dfrac{2592\sim3389}{3138}$
孔隙率/%	$\dfrac{1.11\sim7.52}{3.28}$	$\dfrac{1.38\sim4.98}{2.40}$	$\dfrac{1.04\sim4.82}{2.01}$	$\dfrac{1.05\sim6.12}{3.37}$	$\dfrac{1.43\sim4.28}{2.44}$	$\dfrac{1.04\sim5.22}{2.05}$
抗压强度/MPa	$\dfrac{3.90\sim120.30}{48.16}$	$\dfrac{27.20\sim182.80}{76.50}$	$\dfrac{4.90\sim183.40}{106.54}$	$\dfrac{3.9\sim138.9}{49.06}$	$\dfrac{36.8\sim106.7}{73.31}$	$\dfrac{37.9\sim176.3}{100.73}$

项　目	顶　板			底　板		
	泥岩	粉砂岩	砂岩	泥岩	粉砂岩	砂岩
抗拉强度/MPa	0.52~5.58 / 2.67	1.27~10.70 / 4.42	2.21~11.30 / 6.06	0.13~9.17 / 2.76	2.21~5.48 / 3.82	1.95~11.30 / 5.63
割线模量 /10⁵MPa	0.046~0.105 / 0.061	0.081~0.099 / 0.091	0.077~0.157 / 0.118	0.049~0.073 / 0.063	0.051~0.134 / 0.099	0.092~0.136 / 0.109
泊松比/μm	0.158~0.362 / 0.29	0.132~0.244 / 0.19	0.157~0.229 / 0.19	0.176~0.272 / 0.21	0.127~0.255 / 0.17	0.136~0.274 / 0.19

注：横线上方数据为数值变化范围，横线下方数据为平均值。

泥岩深灰色，性脆，结构致密，砂质成分的含量不均匀，局部有砂质泥岩。泥岩岩体质量指标在 0.74~1.27，平均值为 0.95，岩体质量普遍为中等，少数良好，属不稳定至中等；泥岩岩体胶结程度相对比较差，层理较发育，结构较破碎，夹杂植物化石，岩性复杂。

粉砂岩为灰到深灰色，夹有泥岩薄层；岩体质量普遍为良、少数中等，质量指标在 0.97~2.27，平均值为 1.81。

细砂岩岩体质量为良到优，质量指标在 1.82~3.68，平均值为 2.57，岩性致密坚硬，不易垮落。

通过以上统计数据与试验数据分析，煤系地层岩性大多胶结良好；细砂岩胶结坚硬，抗压强度高，抗风化能力强，工程地质条件良好；粉砂岩次之；泥岩的岩石力学指标相对较低。断层面附近构造带及基岩风化带，岩芯不完整和破碎，岩石力学指标很低，均应属软岩和较弱结构面，工程地质条件不良。

2.1.2　地应力条件

深井高地压是地应力的综合表现，其大小直接影响巷道围岩的稳定性，在进行巷道支护前必须确定巷道位置处地应力的大小及方向。准确的地应力数据很难得到，据查综合地质勘测数据和井下地应力实测资料，1112（1）工作面运输顺槽顶板高抽巷所受地应力主要由重力、构造应力及邻近巷道掘进采动时所产生的采动荷载组成。在该巷道围岩的原始应力值较大，总体表现是水平应力大于竖向应力；其中竖向应力不小于 25MPa，水平方向应力接近甚至大于 30MPa。由于与巷道轴线方向垂直的水平应力大于轴线方向的水平应力，巷道帮部受力较大，这是巷道支护设计中不得不面对的一大不利因素。

2.2　试样的采集和加工

朱集矿巷道多布置在煤层中或顶底板岩层中，因此岩样钻取选定在 11-2 号煤层顶底板。井下岩样在钻取时较为困难、岩样不完整、易断裂。取样的钻孔分别布置在巷道顶板和底板的不同位置，钻进的深度在20m左右。底板1号钻孔取出17个岩样，总长约2m；底板2号钻孔取出15个岩样，总长约1.5m；顶板1号钻孔取出26个岩样，总长约3.3m；顶板2号钻孔取出27个岩样，总长约3.2m。取出的岩样多因长度不够而不能满足试验的要求，经实验室切割和磨平加工，最终可用于试验的接近于国际标准的岩样。

因岩块内部存在节理面和其他一些裂隙，同时在采集、运输、制取过程中又会再次受到扰动，且加之岩石本身的水理和物理性质以及加工仪器设备的局限，使得试件的加工难度较大。在加工过程中运用技术手段尽量减小了对岩块及岩芯的扰动，但取样率仍然比较小。按照国际相关规范，标准试样为圆柱体，直径为50mm，高度为100mm。取出的岩样多数因长度不够无法满足试验要求，经实验室加工，最终可用于试验的较标准底板岩样12个，顶板较标准岩样26个。

2.3 超声波试验研究

研究表明，岩石纵波反映岩体的压缩及拉伸变形特性，纵波速度与岩石的硬度、抗压强度、岩石的结构、岩石损伤等物理力学性质存在密切关系[196,197]。近年来，在工程岩体稳定性评价及强度估算的研究中，根据弹性波在岩体中的传播特征，进行岩体物理力学性质与状态的测试和评估进展快速[198]。

赵明阶等建立了由岩体超声波速估计岩体分类指数的估算公式，基于Hoek-Brown准则给出了岩体变形及强度参数的超声波估测方法[199]；借助于损伤力学的观点，建立了和波速相关的损伤演化方程，给出了由超声波速估计岩石强度的方法[200]；王子江提出岩石纵波速度与岩石单轴抗压强度的立方根成正比；岩体纵波速度与岩石单轴抗压强度的立方根和岩体完整性指数的方根之积成正比[201]；林达明等根据实测数据得出了岩体波速和强度的关系曲线和函数关系式[202]。

本书采用PDS-SW超声波检测仪对加工好的完整岩样进行超声波检测，选择波速相近的岩样进行试验，以保证不同试验条件下各岩样结果之间的可比性。实测各围岩岩样的超声波纵波波速平均值见表2-2~表2-4。

表2-2　泥岩岩样纵波速度平均值　　　　　　　　　　（m/s）

试样编号	顶1-7-8-2	顶1-6-7	顶1-4-1	顶1-8-9-4	顶2-17-18-2	顶2-17-18-3	顶2-7-8	顶1-3-4-3
纵波波速	3680	3750	3680	3590	3607	3703	3450	3600

表 2-3　粉砂岩岩样纵波速度平均值　　　　　　（m/s）

试样编号	顶 1-18-19-2	底 1-19-20	顶 1-8-9	底 2-3-4	顶 1-9-10.5	顶 2-4-5	底 1-7-8-4	顶 2-7.1-8.1
纵波波速	4010	3962	3860	3727	4208	3951	4283	2314

表 2-4　细砂岩岩样纵波速度平均值　　　　　　（m/s）

试样编号	顶 1-15-1	底 2-5-1	顶 2-13-14	底 1-12-13	底 1-10-11	底 1-7-8-2	顶 2-3-4-4
纵波波速	4258	4546	4357	3940	4520	4157	4098

2.4　围岩岩样化学成分和微观结构

将力学试验中破坏的试样碎块在岩石磨片机上磨成厚度为 0.03mm 的薄片，借助显微镜可观察其化学成分、内部颗粒和裂隙情况。显微镜下的正交偏光照片如图 2-1 所示。

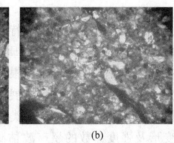

　　　（a）　　　　　　　　　（b）　　　　　　　　　（c）

图 2-1　围岩岩样微观结构
（a）泥岩；（b）粉砂岩；（c）细砂岩

（1）细砂岩：粒度以 0.05~0.3mm 为主。粒度均一，孔隙式胶结，颗粒支撑。碎屑物质成分主要为石英，少量长石和硅质岩屑。石英呈棱角状，粒度在 0.02~0.03mm，分布均匀。硅质岩屑含量约 6%~14%。长石为钾长石和酸性斜长石，部分绢云母化和碳酸盐化。含量约 2%~7%，岩石次生裂隙不发育。胶结物为泥质，有轻微变质全结晶。

（2）泥岩：基底式胶结，杂基支撑。成分主要为石英，棱角状，粒度在 0.5~0.2mm。少量硅质岩屑，偶见长石。细砂含量约 16%~24%。泥质成分均发生变质结晶，形成微晶云母类，碳酸盐矿物集合体，成分主要为白云母类。

（3）粉砂岩：岩石是泥质粉砂结构，粒度在 0.1mm 以下，碎屑物质含量约 75%~85%。碎屑物质成分主要为石英，少量长石，均为棱角状。胶结物质为泥质，但均有变质重结晶。岩石发育原生裂隙，但有变形。

2.5 常规单轴和三轴压缩试验

2.5.1 试验仪器

常规单轴、三轴和围压卸载试验仪器均采用 TAW-2000 微机控制电液伺服岩石三轴压力试验机，如图 2-2 所示。该试验机是目前国内最先进的岩石试验系统，由轴向加载系统、围压系统、孔隙水压系统、控制系统、计算机系统等几部分组成。试验机具有轴压、围岩、孔隙水压和温度独立闭环控制系统。主机采用整体框式结构，刚度大于 10GN/m，最大轴压 2000kN，最大围压 100MPa，最大孔隙水压 60MPa，温度-50~200℃，试件直径 25~100mm，最小采样时间间隔为 1ms。利用该试验机可以实现在不同围压条件下对岩石进行加载和卸围压试验，得到岩石的全过程应力—应变试验曲线，自动读取试件任意时刻的应力和应变值。

图 2-2　TAW-2000 微机控制电液伺服岩石三轴压力试验机

2.5.2 岩样准备

常规单轴压缩试验选取试样共 6 个，其中泥岩 2 个，细砂岩 2 个，粉砂岩 2 个，试样具体情况见表 2-5。常规三轴压缩试验选取试样共 11 个，其中泥岩 4 个，细砂岩 4 个，粉砂岩 3 个，见表 2-6。部分试件照片如图 2-3 所示。

表 2-5   常规单轴压缩试验试样基本信息

试件编号	岩性	取样位置	取样深度/m	质量/g	平均尺寸/mm	密度/kg·m⁻³
顶 1-7-8-2	泥岩	顶板	7~8	677.42	ϕ57.74×101.94	2539.16
顶 1-6-7	泥岩	顶板	6~7	580.38	ϕ56.74×87.86	2613.81
顶 1-18-19-2	粉砂岩	顶板	18~19	523.31	ϕ55.37×84.96	2559.33
底 2-3-4	粉砂岩	底板	3~4	622.35	ϕ55.60×96.32	2238.84
底 2-5-1	细砂岩	底板	10.8	629.16	ϕ55.70×95.32	2710.17
顶 1-15-1	细砂岩	顶板	15~16	701.56	ϕ56.09×89.04	3190.36

表 2-6   常规三轴压缩试验试样基本信息

试件编号	岩性	取样位置	取样深度/m	质量/g	平均尺寸/mm	密度/kg·m⁻³
顶 1-4-1	泥岩	顶板	4~5	613.46	ϕ57.17×95.68	2498.96
顶 1-8-9-4	泥岩	顶板	8~9	751.69	ϕ57.65×112.24	2566.98
顶 2-17-18-2	泥岩	顶板	17~18	500.75	ϕ57.59×85.48	2250.05
顶 2-17-18-3	泥岩	顶板	17~18	473.93	ϕ54.50×73.36	2770.72
底 1-19-20	粉砂岩	底板	19~20	588.56	ϕ56.12×87.42	2723.17
顶 1-8-9	粉砂岩	顶板	8~9	518.92	ϕ57.66×76.84	2587.58
顶 1-9-10.5	粉砂岩	顶板	9~10.5	520.81	ϕ57.20×76.50	2650.67
顶 2-4-5	粉砂岩	顶板	4~5	725.19	ϕ54.36×109.64	2851.37
顶 2-13-14	细砂岩	顶板	13~14	826.24	ϕ57.73×108.92	2899.52
底 1-12-13	细砂岩	底板	12~13	756.69	ϕ58.50×106.90	2634.87
底 1-10-11	细砂岩	底板	10~11	871.13	ϕ58.09×115.62	2844.31

图 2-3 部分围岩岩样照片

2.5.3 试验方法和步骤

通过完整岩样的单轴和三轴压缩试验，获得全应力—应变曲线和单轴抗压强度、三轴抗压强度、残余强度、弹性模量和变形模量等力学参数，以研究不同应力状态下不同岩样的变形规律，并为蠕变力学特性的研究奠定基础。

岩石单轴和三轴常规压缩变形试验采用引伸计测量试件的轴向和径向变形，力传感器动态测量轴向力，试验采用轴向变形闭环伺服控制的方式加载，加载采用恒定应变速率 5×10^{-6}/s。三轴压缩试验采用低围压值，分别为 15MPa、20MPa、25MPa 和 30MPa。

单轴压缩试验的步骤如下：

（1）测量试件直径、高度，对试件拍照和描述，之后对试验仪器和系统软件进行调试和设置。

（2）将两端涂有黄油的试件上下两端各放置一个刚性垫块，随后安装轴向与侧向传感器，准备好的试样如图 2-4 所示。

（3）将安装好的岩样按照试验要求置于伺服压力机底座中心位置，并放好承压垫块。施加轴向荷载直至试样发生压缩屈服破坏。数据采集系统在整个试验过程中会自动记录、保存，且可利用该软件方便地绘制出各个记录变量之间的关系曲线。

（4）试验停止以后，取出岩样并对试件的宏观破裂面角度、破坏方式等进行观察并详细记录，最后进行拍照存档。

三轴压缩试验需要将试件与垫块套上热缩带封闭岩样，以防止试验过程中液压油浸入试样而影响岩石力学特性参数的测定；加竖向荷载之前先按照 0.05MPa/s 的加载速率施加围压至设定值，再施加轴向应力直至岩样破坏。

图 2-4　已装好引伸计的试样

2.5.4　常规压缩试验结果与分析

2.5.4.1　常规单轴压缩试验结果

A　常规单轴压缩试验曲线

常规单轴压缩试验曲线如图 2-5 所示。由图 2-5 可知，单轴压缩条件下，三种岩样的全应力—应变曲线均可划分为原生微裂隙压密阶段、弹性变形阶段、弹塑性变形阶段和破坏阶段等四个阶段。

岩样的轴向全应力—应变曲线均表现出明显的原生微裂隙压密阶段。此阶段岩样的应力较小，岩样内部的张开性结构面和微细观裂纹在外力作用下逐渐闭合，曲线上凹，表现出早期的非线性变形特征。该阶段存在与否主要取决于岩石试件中原生裂隙的分布。在加载的初始阶段曲线就开始向上凹，说明岩样内部的微裂隙较为发育。

岩样在压密后进入线弹性阶段，岩石中的微裂隙进一步闭合，孔隙被压缩，岩样受压而发生可恢复的弹性变形。岩石材料表现出弹性特征，曲线呈直线变化。

随荷载继续增加，岩样进入弹塑性变形阶段，内部开始有新裂纹产生并发展，原生裂隙也开始扩展，有不可恢复的塑性变形产生，塑性变形随荷载的增大而逐渐增大。

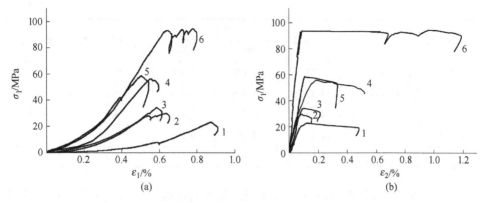

图 2-5 单轴常规压缩轴向和侧向应力—应变曲线

（a）轴向；（b）径向

1—顶 1-6-7（泥岩）；2—顶 1-7-8-2（泥岩）；3—顶 1-18-19-2（粉砂岩）；

4—底 2-3-4（粉砂岩）；5—顶 1-15-1（细砂岩）；6—底 2-5-1（细砂岩）

岩样的承载能力达到极限时会出现瞬时的断裂破坏，但试件的整体形状仍能保持。在破坏阶段，岩样内部裂隙迅速发展，彼此交叉、联合以致形成宏观破裂面，此后试件的变形以宏观破裂面的相对滑移为主。因为在相对滑移的破坏面之间存在一定的相互摩擦力，所以破坏岩石仍具有一定的承载能力。

粉砂岩试件在达到峰值点时轴向产生较大的塑性变形，塑性性质明显，而其余试件此性质不明显。相比轴向变形而言，径向塑性性质更加明显。在达到峰值点后，各试件的径向应力—应变曲线均基本平行于应变轴，表明各试件的径向变形在应力不变的情况下，应变均持续增加。

B　常规单轴压缩试验强度和变形特性结果

常规单轴压缩试验强度和变形特性结果见表 2-7。由表 2-7 可知，取自顶板的 1 号孔的两个泥岩试样，取样深度相近，其力学特性相似。两个试件的抗压强度分别为 30.05MPa 和 23.27MPa，平均值为 26.66MPa；割线模量分别为91.94MPa 和 60.63MPa，平均值为 76.29MPa；泊松比平均值约为 0.07；峰值强度处对应的轴向应变分别为 0.63775 和 0.77201，平均值为 0.70488；对应的径向变形分别为 0.08816 和 0.12615，平均值为 0.10716，对比可知在岩样发生破坏时轴向应变值远大于径向应变值，轴向应变平均值是径向应变平均值的 7 倍。

表 2-7　单轴常规压缩试验力学及变形指标

试件编号	岩性	峰值应力/MPa	峰值应变/%		弹性模量/GPa	泊松比
			轴向	径向		
顶 1-7-8-2	泥岩	30.05	0.638	0.088	9.19	0.07

试件编号	岩性	峰值应力/MPa	峰值应变/%		弹性模量/GPa	泊松比
			轴向	径向		
顶 1-6-7	泥岩	23.27	0.772	0.126	6.06	0.07
顶 1-18-19-2	粉砂岩	34.49	0.586	0.094	10.57	0.12
底 2-3-4	粉砂岩	54.45	0.591	0.123	18.06	0.16
底 2-5-1	细砂岩	94.63	0.646	0.091	23.07	0.09
顶 1-15-1	细砂岩	59.09	0.501	0.111	18.60	0.18

顶 1-18-19-2 粉砂岩试样取自顶板，周边有破裂，一端显示为粉砂岩而另一端显示为砂岩，致使其抗压强度仅为 34.49MPa，较正常数值偏低。其弹性模量为 105.71MPa，轴向应变为 0.58597，径向应变为 0.09438，泊松比为 0.12。

取自顶板的细砂岩和取自底板的细砂岩力学性质相差较大，而变形性质相近。底板细砂岩试样的抗压强度、弹性模量和泊松比分别为 94.63MPa、230.67MPa 和 0.09，顶板试样则分别为 59.09MPa、186.02MPa 和 0.18；底板和顶板两个试样的轴向应变分别为 0.64598 和 0.50093，径向应变分别为 0.09083 和 0.11113。

虽然三种岩石的抗压强度和弹性模量差异明显，但单变形性质均较为相似。轴向应变在 0.6% 左右，径向应变在 0.1% 左右，泊松比基本在 0.1 左右。

本试验采用的试件均不是标准试件，且存在取样和加工留下的缺陷，理论上应对试验数值进行修正。考虑到试件的物理状态差异和试验仪器的影响，即使采用标准试件所得到力学和变形指标也可能存在较大差异，且到本次试验的试件数量十分有限，无法采用大量的试件来获取岩石较为真实的力学性质和变形指标，本书仅将获得的岩石力学和变形参数作为该类岩性的一个代表值，用于评估岩石的基本特征。

C　常规单轴破坏形态特征

目前对岩石力学特性和变形性质的研究多停留在宏观方面，一般根据表面现象进行推理。岩石的破坏是在外力作用下微观裂纹不断萌生、扩展直至宏观裂纹贯通的过程，岩石的最终破坏形态是微观结构变形破坏不断积累的宏观表现，分析岩样的破坏形态可推测岩石的破坏机理。常规单轴压缩试验试件破坏形态如图 2-6 所示。

通过观察可知，围岩岩样的宏观裂缝多平行于轴向，在上下底面附近有和轴向力成一定夹角的斜向裂纹。因此，岩样的破坏形式主要表现为沿轴向的张拉破坏，并伴有一定局部的剪切破坏。岩样两端面涂抹的润滑油减小了加载板和岩样之间的摩擦力，但是摩擦力不能完全消除。残存的摩擦力限制了岩样端面横向变

图 2-6 常规单轴压缩破坏岩样
(a) 顶 1-7-8-2 泥岩;(b) 顶 1-6-7 泥岩;(c) 底 2-3-4 粉砂岩;
(d) 顶 1-18-19-2 粉砂岩;(e) 顶 1-15-1 细砂岩;(f) 底 2-5-1 细砂岩

形的发展,使岩样端面处于三向受力状态,所以破坏时出现与轴向力成一定夹角的剪切破坏裂纹。若残存摩擦力较小,则端面处的局部剪切可以避免。

在试件中部,两端摩擦力的影响减弱,岩样破坏时的宏观裂纹近乎和轴向力平行,岩样表现为张拉破坏。张拉破坏是由于岩石内部有微裂纹,在荷载作用下裂纹端部应力集中衍生拉应力,拉应力达到岩石的抗拉强度后,微裂纹扩展、连通形成宏观裂纹,岩石最终破坏。

常规单轴压缩条件下,围岩岩样的宏观裂纹数量相对较少,裂纹尺寸较小,裂纹一般不会贯通整个岩样,所以破坏时岩样能够保持完整的形状,无碎块剥落,岩样仍然能够承受较大的荷载。

2.5.4.2 常规三轴压缩试验结果

A 常规三轴压缩试验曲线

常规三轴抗压试验轴向应力—应变和径向应力—应变曲线如图 2-7 所示。

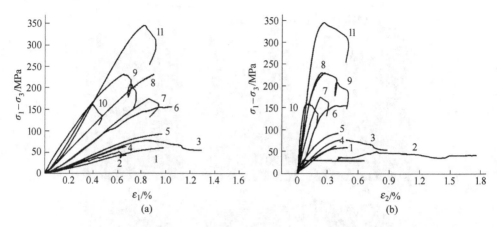

图 2-7　常规三轴压缩试验轴向和径向应力—应变曲线

(a) 轴向；(b) 径向

1—顶 2-17-18-2（泥岩 30MPa）；2—顶 1-4-1（泥岩 20MPa）；3—顶 2-17-18-3（泥岩 15MPa）；

4—顶 1-8-9-4（泥岩 25MPa）；5—顶 1-8-9（粉砂岩 30MPa）；6—底 1-19-20（粉砂岩 25MPa）；

7—顶 1-9-10.5（粉砂岩 20MPa）；8—底 1-12-13（细砂岩 25MPa）；9—底 1-10-11（细砂岩 20MPa）；

10—顶 2-4-5（粉砂岩 15MPa）；11—顶 2-13-14（细砂岩 30MPa）

　　各试件应力–应变曲线也可划分为孔隙压密阶段、线弹性阶段、弹塑性阶段和破坏阶段等四个阶段。在屈服点后，随着轴向应力的增加，岩样内部裂隙不断产生、扩展，产生的塑性变形逐渐增大，应力—应变曲线表现出上凸趋势，其斜率不断减小。当应力达到岩样的破坏强度时，岩样将产生宏观裂隙而发生破坏，表现为轴向应变和径向应变增大，而强度下降。

　　B　常规三轴压缩试验强度和变形特性结果

　　常规三轴压缩试验结果见表 2-8。由表 2-8 可知，常规三轴压缩试验中，泥岩的峰值点轴向应力在 70~95MPa；粉砂岩的峰值点轴向应力在 124~194MPa；细砂岩的峰值点轴向应力在 250~345MPa。由此可知，围岩中的泥岩试样的三轴压缩强度最低，粉砂岩居中，细砂岩三轴压缩强度最高。

表 2-8　常规三轴压缩试验力学及变形指标

岩样编号	岩性	围压/MPa	峰值轴向应力/MPa	峰值点应变/%		弹性模量/GPa	泊松比
				轴向	径向		
顶 2-17-18-3	泥岩	15	91.87	0.951	0.437	10.55	0.36
顶 1-4-1	泥岩	20	69.91	0.618	0.764	12.07	0.10
顶 1-8-9-4	泥岩	25	94.28	0.956	0.478	12.62	0.43
顶 2-17-18-2	泥岩	30	89.58	1.121	0.57	8.29	0.28
顶 2-4-5	粉砂岩	15	174.75	0.395	0.105	12.93	0.09

岩样编号	岩性	围压/MPa	峰值轴向应力/MPa	峰值点应变/%		弹性模量/GPa	泊松比
				轴向	径向		
顶1-9-10.5	粉砂岩	20	193.75	0.848	0.217	22.75	0.20
底1-19-20	粉砂岩	25	181.52	1.078	0.531	21.34	0.31
顶1-8-9	粉砂岩	30	124.62	1.094	0.471	45.08	0.43
底1-10-11	细砂岩	20	250.16	0.647	0.23	41.02	0.29
底1-12-13	细砂岩	25	258.43	0.939	0.307	28.79	0.17
顶2-13-14	细砂岩	30	374.96	0.821	0.253	51.84	0.21

常规三轴压缩试验中，泥岩峰值点轴向应变为0.61%~1.13%，径向应变为0.43%~0.78%；粉砂岩峰值点轴向应变为0.39%~1.10%，峰值点径向应变为0.10%~0.54%；细砂岩峰值点轴向应变为0.64%~0.94%，峰值点径向应变为0.23%~0.31%。

围岩中，泥岩试件的弹性模量相对较低，为8.29~12.62GPa。粉砂岩和细砂岩的弹性模量较高，且有一定的离散性，其中粉砂岩的弹性模量为12.93~45.08GPa，细砂岩的弹性模量为28.79~51.84GPa。

泥岩试件的泊松比为0.10~0.43，粉砂岩试件的泊松比为0.09~0.43，细砂岩试件的泊松比为0.17~0.29。

C 常规三轴压缩破坏形态特征

常规三轴试验试件受压破坏以后的形态如图2-8~图2-10所示，图中括号内的数字表示围压的大小，单位为MPa。编号为"顶2-17-18-2"和"顶2-17-18-3"

(a)　　　　　　(b)　　　　　　(c)　　　　　　(d)

图2-8 不同围压下泥岩破坏形态

(a) 顶2-17-18-2 (30)；(b) 顶1-8-9-4 (25)；

(c) 顶2-17-18-3 (15)；(d) 顶1-4-1 (20)

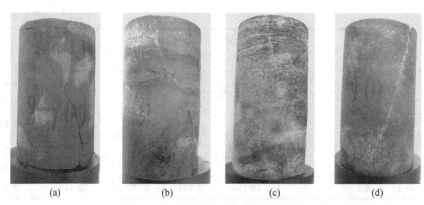

图 2-9　不同围压下粉砂岩破坏形态
(a) 顶 1-8-9 (30)；(b) 底 1-19-20 (25)；
(c) 顶 2-4-5 (15)；(d) 顶 1-9-10.5 (20)

图 2-10　不同围压下细砂岩破坏形态
(a) 顶 2-13-14 (25)；(b) 底 1-12-13 (30)；(c) 底 1-10-11 (20)

　　的泥岩试件上端面局部被压碎，裂纹沿试件竖向开展，表现为脆性张拉破坏。编号为"顶 1-8-9-4"和"顶 1-4-1"的泥岩试件表现为弱面剪切破坏形态。显然，与单轴压缩试验相比，围压的存在能够改变泥岩试样破坏形态，使其由张拉破坏向剪切破坏转变。但即使在高围压下，泥岩岩样仍然可能出现张拉破坏。泥岩本身物理力学性质具有一定的离散性，且本书岩样数量有限，随着围压的提高，岩样的破坏规律性还需要进一步研究。

　　粉砂岩和细砂岩在不同围压作用下均表现为宏观单一断面的剪切破坏。四个粉砂岩试件和编号分别为"顶 2-13-14"和"底 1-12-13"的细砂岩试件在不同围压条件下达到破坏，均产生一条贯通上下底面且和轴向力成一定夹角的宏观主裂纹，表现为明显的脆性剪切破坏模式。剪切破裂面上有石屑粉末，表明岩石在变形过程中破裂面有剧烈摩擦，说明在有围压存在时岩石破坏需要耗费更多的能量，在宏观表现上则体现为岩石具有更高的抗压强度和更好的延性特征。编号为"底1-10-11"的细砂岩试件产生的宏观主裂纹位于试件中间位置，和轴向力成约60°夹角（图2-10（c）中线条所示），表现为弱面剪切破坏模式。弱面剪切破坏是由于岩层中存在节理、裂隙、层理、软弱夹层等软弱结构面，岩层的整体性受到破坏。在荷载作用下，这些软弱结构面上的剪应力大于该面上的抗剪强度时，岩样沿着软弱面产生剪切破坏。

由以上分析可知，岩样的破坏形式与围压密切相关。不同围压作用的常规三轴压缩条件下，无论发生哪种形式的破坏，岩样的裂纹尺寸均较单轴时长且宽，岩样开裂更严重，个别岩样有少量较小碎块剥落，但岩样形状仍保持较完整的状态，可以继续承受一定的荷载。

2.5.4.3 围岩强度特性分析

粉砂岩、泥岩、细砂岩三种岩样分别在单轴和不同围压下的三轴压缩下的轴向和径向应力应变曲线如图2-11~图2-13所示。由图可知，三种岩样的峰值强度与围压密切相关。

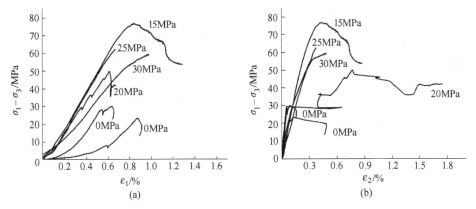

图2-11 泥岩常规单轴和常规三轴压缩应力—应变曲线

（a）轴向应力—应变曲线；（b）径向应力—应变曲线

围岩岩样在不同围压条件下的峰值强度见表2-9。泥岩、粉砂岩和细砂岩岩样单轴压缩即围压为零时峰值强度平均值分别为26.66MPa、44.47MPa、76.86MPa，细砂岩强度最高，粉砂岩次之，泥岩最低。在三轴压缩条件下，即有围压时，泥岩、粉砂岩和细砂岩岩样的峰值强度平均值依次为86.41MPa、168.66MPa、294.52MPa，仍然是细砂岩强度最高，泥岩最低，粉砂岩居中。相对于没有围压的情况，有围压时泥岩提高约3.2倍，粉砂岩的峰值强度提高约3.8倍，细砂岩提高约3.8倍。由此可知，围压的存在大幅度提高了三种围岩岩样的峰值强度。

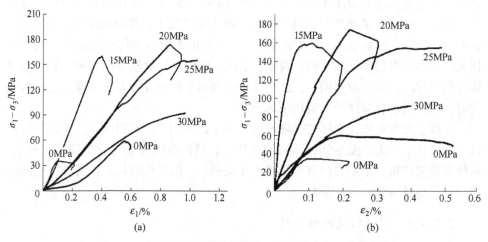

图 2-12 粉砂岩常规单轴和常规三轴压缩应力—应变曲线
（a）轴向应力—应变曲线；（b）径向应力—应变曲线

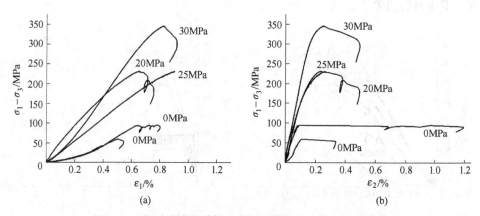

图 2-13 细砂岩常规单轴和常规三轴压缩应力—应变曲线
（a）轴向应力—应变曲线；（b）径向应力—应变曲线

表 2-9 围岩岩样峰值强度 （MPa）

岩性	岩样编号	围压	峰值强度	峰值强度平均值
泥岩	顶 1-7-8-2	0	30.05	26.66
	顶 1-6-7	0	23.27	
	顶 2-17-18-3	15	91.87	86.41
	顶 1-4-1	20	69.91	
	顶 1-8-9-4	25	94.28	
	顶 2-17-18-2	30	89.58	

岩性	岩样编号	围压	峰值强度	峰值强度平均值
粉砂岩	顶 1-18-19-2	0	34.49	44.47
	底 2-3-4	0	54.45	
	顶 2-4-5	15	174.75	168.66
	顶 1-9-10.5	20	193.75	
	底 1-19-20	25	181.52	
	顶 1-8-9	30	124.62	
细砂岩	顶 1-15-1	0	59.09	76.86
	底 2-5-1	0	94.63	
	底 1-10-11	20	250.16	294.52
	底 1-12-13	25	258.43	
	顶 2-13-14	30	374.96	

围岩各岩样围压与峰值强度的关系如图 2-14 所示，三种围岩岩样的峰值应力和围压密切相关。峰值强度和围压的关系曲线基本为直线，即常规压缩条件下围岩的峰值强度随围压的提高而呈线性增加，满足摩尔—库仑强度准则。

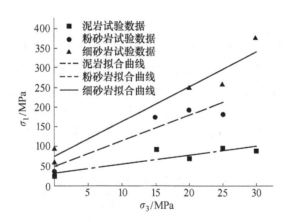

图 2-14 围岩峰值强度和围压的关系曲线

摩尔—库仑强度准则可写为 $\sigma_1 = M + N\sigma_3$，表示岩石能够承受的最大主应力 σ_1 和围压 σ_3 呈线性关系。式中，M、N 为强度参数，由岩石的内摩擦角 φ 和黏聚力 c 确定，表达式为

$$M = 2c \cdot \cos\varphi / (1 - \sin\varphi) = 2c\tan\left(45° + \frac{\varphi}{2}\right) \tag{2-1}$$

$$N = (1 + \sin\varphi)\,/\,(1 - \sin\varphi) = \tan^2\!\left(45° + \frac{\varphi}{2}\right) \tag{2-2}$$

采用 Origin 数据分析绘图软件基于最小二乘法原理对单轴和三轴的试验数据进行拟合。Origin 软件有数据分析和绘图两大功能。数据分析包括统计、调整、信号处理、卷积、解卷、相关、峰值分析和曲线拟合等；绘图功能包括数学运算、平滑滤波、图形变换、傅里叶变换等。Origin 不需要在编程上花费大量精力，操作简单，容易掌握，可以方便地应用于试验数据的处理。拟合的曲线方程为：

泥岩：$\qquad\qquad\qquad \sigma_1 = 32.06 + 2.29\sigma_3$ $\qquad\qquad$ (2-3)

粉砂岩：$\qquad\qquad\quad \sigma_1 = 51.56 + 6.35\sigma_3$ $\qquad\qquad$ (2-4)

细砂岩：$\qquad\qquad\quad \sigma_1 = 73.32 + 8.94\sigma_3$ $\qquad\qquad$ (2-5)

泥岩、粉砂岩和细砂岩的内摩擦角分别为 23.08°、47.24° 和 53.02°，黏聚力分别为 10.59MPa、10.09MPa 和 12.26MPa。

在相同围压条件下，围岩中的细砂岩的峰值应力最大，粉砂岩次之，泥岩最小。如围压为 20MPa 时，泥岩、粉砂岩和细砂岩的峰值强度为 69.91MPa，193.75MPa，250.16MPa。随围压的增大，三种岩样的峰值应力之间的差距有增大的趋势。

2.5.4.4　围岩变形特性分析

A　峰值轴向应变

由图 2-11~图 2-13 可知，粉砂岩、泥岩、细砂岩三种围岩岩样分别在无围压单轴压缩条件下和不同围压三轴压缩条件下的峰值轴向应变与围压密切相关。各试件不同围压下的峰值轴向应变见表 2-10。泥岩、粉砂岩和细砂岩无围压时峰值轴向应变平均值依次为 0.705、0.589 和 0.573，有围压时峰值轴向应变平均值依次为 0.912、0.854 和 0.802，围压的存在可在一定程度上提高峰值轴向应变。

表 2-10　围岩岩样峰值点轴向应变

岩性	岩样编号	围压/MPa	峰值轴向应变/%	峰值轴向应变平均值/%
泥岩	顶 1-7-8-2	0	0.638	0.705
	顶 1-6-7	0	0.772	
	顶 2-17-18-3	15	0.951	0.912
	顶 1-4-1	20	0.618	
	顶 1-8-9-4	25	0.956	
	顶 2-17-18-2	30	1.121	

岩性	岩样编号	围压/MPa	峰值轴向应变/%	峰值轴向应变平均值/%
粉砂岩	顶 1-18-19-2	0	0.586	0.589
	底 2-3-4	0	0.591	
	顶 2-4-5	15	0.395	0.854
	顶 1-9-10.5	20	0.848	
	底 1-19-20	25	1.078	
	顶 1-8-9	30	1.094	
细砂岩	顶 1-15-1	0	0.501	0.573
	底 2-5-1	0	0.646	
	底 1-10-11	20	0.647	0.802
	底 1-12-13	25	0.939	
	顶 2-13-14	30	0.821	

　　围岩岩样峰值点轴向应变和围压的关系如图 2-15 所示。对试验数据进行拟合，可得到岩样峰值应变和围压的函数以及变化曲线。在单轴压缩和围压较低的三轴压缩条件下，岩样产生的轴向变形较小，发生脆性张拉破坏，峰值轴向应变较小。随着围压的增大，岩样的轴向变形增大，峰值轴向应变随之增大，围岩岩样由低围压下的脆性张拉破坏转化为高围压下的延性破坏。峰值轴向应变随着围压的提高而增加，二者近似呈线性关系。

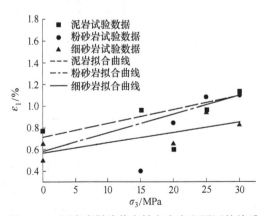

图 2-15　围岩岩样峰值点轴向应变和围压的关系

　　通过 Origin 软件对试验数据进行拟合，得到其线性回归方程为：

泥岩： $\varepsilon_1 = 0.013\sigma_3 + 0.712$ （2-6）

粉砂岩： $\varepsilon_1 = 0.017\sigma_3 + 0.581$ （2-7）

细砂岩： $\varepsilon_1 = 0.010\sigma_3 + 0.566$ （2-8）

在相同围压条件下，围岩中的细砂岩峰值轴向应变最小，泥岩和粉砂岩的峰值轴向应变相对较大。

B 峰值侧向应变

和峰值轴向应变类似，粉砂岩、泥岩、细砂岩三种围岩岩样分别在无围压单轴压缩条件下和不同围压三轴压缩条件下的峰值侧向应变也与围压密切相关。不同围压下的径向应变见表 2-11。

表 2-11 围岩岩样峰值点侧向应变

岩性	岩样编号	围压/MPa	峰值侧向应变/%	峰值侧向应变平均值/%
泥岩	顶 1-7-8-2	0	0.088	0.107
	顶 1-6-7	0	0.126	
	顶 2-17-18-3	15	0.437	0.562
	顶 1-4-1	20	0.764	
	顶 1-8-9-4	25	0.478	
	顶 2-17-18-2	30	0.57	
粉砂岩	顶 1-18-19-2	0	0.094	0.109
	底 2-3-4	0	0.123	
	顶 2-4-5	15	0.105	0.331
	顶 1-9-10.5	20	0.217	
	底 1-19-20	25	0.531	
	顶 1-8-9	30	0.471	
细砂岩	顶 1-15-1	0	0.111	0.101
	底 2-5-1	0	0.091	
	底 1-10-11	20	0.23	0.263
	底 1-12-13	25	0.307	
	顶 2-13-14	30	0.253	

由表 2-11 可知，泥岩、粉砂岩和细砂岩无围压时峰值侧向应变平均值依次为 0.107%、0.094% 和 0.101%，有围压时峰值轴侧向应变平均值依次为 0.487%、0.224% 和 0.153%。有围压时的三轴压缩产生的峰值侧向应变远远大于无围压时的峰值轴向应变。由于围压的存在，峰值侧向应变平均值分别增大约 4.5 倍、3.1 倍和 1.5 倍。

围岩岩样峰值点侧向应变和围压的关系如图 2-16 所示。围岩中泥岩、粉砂岩和细砂岩试样的峰值侧向应变和围压基本呈线性关系，拟合曲线的方程为：

泥岩： $$\varepsilon_3 = 0.149 + 0.017\sigma_3 \tag{2-9}$$

粉砂岩： $$\varepsilon_3 = 0.065 + 0.013\sigma_3 \tag{2-10}$$

细砂岩： $$\varepsilon_3 = 0.105 + 0.006\sigma_3 \tag{2-11}$$

所以，径向拟合相似度分别为 0.949、0.992、0.750。三种岩石岩样在单轴压缩时的峰值径向应变比较接近，基本在 0.1%左右。在三轴压缩时，泥岩的峰值径向应变随围压的增大而大幅度增加；细砂岩的峰值径向应变变化比较平稳，对围压的敏感程度较低；粉砂岩在围压相对较小时的峰值径向应变较小，甚至小于单轴压缩时的数值，但随着围压的增大而增大，峰值径向应变随之有较大的增加。

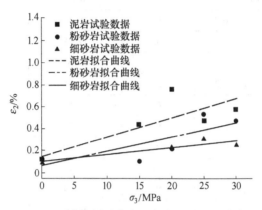

图 2-16　围岩岩样峰值点径向应变和围压的关系

C　弹性模量

弹性模量取为应力-轴向应变曲线近似直线部分的斜率，求得的弹性模量见表 2-12，弹性模量和围压的关系如图 2-17 所示。

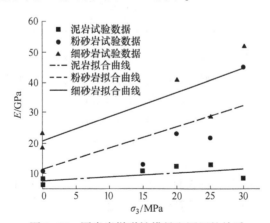

图 2-17　围岩岩样弹性模量和围压的关系

由表 2-12 可知，泥岩、粉砂岩和细砂岩无围压时弹性模量平均值依次为7.63GPa、10.57GPa 和 20.84GPa，有围压时峰值轴向应变平均值依次为

9.41GPa、25.53GPa 和 40.55GPa。有围压时的弹性模量明显大于无围压时的弹性模量。由于围压的存在，弹性模量平均值分别增大约 1.2 倍、2.4 倍和 1.9 倍。三种围岩岩样中泥岩弹性模量最小，细砂岩弹性模量最大，粉砂岩居中。

表 2-12　围岩岩样弹性模量

岩性	岩样编号	围压/MPa	弹性模量/GPa	弹性模量平均值/GPa
泥岩	顶 1-7-8-2	0	7.79	6.93
	顶 1-6-7	0	6.06	
	顶 2-17-18-3	15	10.55	10.88
	顶 1-4-1	20	12.08	
	顶 1-8-9-4	25	12.62	
	顶 2-17-18-2	30	8.29	
粉砂岩	顶 1-18-19-2	0	10.57	14.32
	底 2-3-4	0	18.06	
	顶 2-4-5	15	12.93	25.53
	顶 1-9-10.5	20	22.75	
	底 1-19-20	25	21.34	
	顶 1-8-9	30	45.08	
细砂岩	顶 1-15-1	0	18.60	20.84
	底 2-5-1	0	23.07	
	底 1-10-11	20	41.02	40.55
	底 1-12-13	25	28.79	
	顶 2-13-14	30	51.84	

　　泥岩、粉砂岩和细砂岩三种围岩岩样的弹性模量随围压的变化大致呈线性增加趋势，如图 2-17 所示。弹性模量和围压回归曲线的方程可表示为：

泥岩：　　　　　　　　　$E = 7632.4 + 128.8\sigma_3$　　　　　　　　（2-12）

粉砂岩：　　　　　　　　$E = 11027.2 + 717.4\sigma_3$　　　　　　　（2-13）

细砂岩：　　　　　　　　$E = 20559.5 + 807.0\sigma_3$　　　　　　　（2-14）

　　D　泊松比

　　泊松比取为轴向应力—应变曲线和径向应力—应变曲线上直线段部分轴向应变和径向应变的平均值之比，计算结果见表 2-13。

　　泥岩、粉砂岩和细砂岩无围压时泊松比平均值依次为 0.07、0.14 和 0.14，有围压时峰值轴向应变平均值依次为 0.29、0.26 和 0.22。有围压时，三种围岩岩样的泊松比明显提高。各岩样的泊松比除了受围压的影响，还受到岩样的成分组成、原始裂纹分布和加工缺陷等情况的影响，因而离散性较大。如泥岩岩样在没有围压时，泊松比为 0.07，在 20MPa 围压时，泊松比为 0.10，在 25MPa 围压时，泊松比为 0.43，数值相差较多。各围岩岩样泊松比与围压的试验数据在坐标系中的分布如图 2-18 所示。通过分析可知，岩样的泊松比和围压的无明确的线性相关性。

表 2-13　围岩岩样泊松比

岩性	岩样编号	围压/MPa	泊松比	泊松比平均值
泥岩	顶 1-7-8-2	0	0.07	0.07
	顶 1-6-7	0	0.07	
	顶 2-17-18-3	15	0.36	0.29
	顶 1-4-1	20	0.10	
	顶 1-8-9-4	25	0.43	
	顶 2-17-18-2	30	0.28	
粉砂岩	顶 1-18-19-2	0	0.12	0.14
	底 2-3-4	0	0.16	
	顶 2-4-5	15	0.09	0.26
	顶 1-9-10.5	20	0.20	
	底 1-19-20	25	0.31	
	顶 1-8-9	30	0.43	
细砂岩	顶 1-15-1	0	0.18	0.14
	底 2-5-1	0	0.09	
	底 1-10-11	20	0.29	0.22
	底 1-12-13	25	0.17	
	顶 2-13-14	30	0.21	

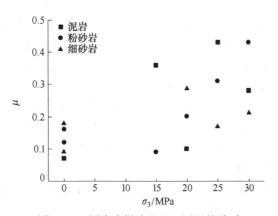

图 2-18　围岩岩样泊松比和围压的关系

2.6 本章小结

本章采用超声波检测仪和显微镜对朱集煤矿 1112（1）运输顺槽顶板高抽巷顶板和底板围岩中的泥岩、粉砂岩和细砂岩岩样进行了超声波检测和筛选以及化学成分和微观结构的分析；采用 TAW-2000 微机控制电液伺服岩石三轴压力试验机对围岩岩样进行了室内常规单轴压缩试验和不同围压条件下的常规三轴压缩试验，分析了不同应力状态下围岩岩样的全应力—应变曲线特征、破坏特点、强度特性和变形规律，研究结论如下：

（1）单轴压缩和三轴压缩条件下，三种围岩岩样的全应力—应变曲线均可划分为孔隙压密阶段、线弹性阶段、弹塑性阶段和破坏阶段等四个阶段。

（2）单轴和三轴压缩条件下，不同岩样的宏观破坏形态差异较大。单轴压缩时三种围岩岩样的破坏形式主要表现为整体的张拉破坏，并伴有一定程度的局部剪切破坏，宏观裂纹开展有限，岩样能够保持完整的形状。三轴压缩条件下，泥岩主要表现为伴有局部剪切破坏的张拉破坏模式和弱面剪切破坏模式，粉砂岩试件细砂岩试件主要表现为脆性剪切破坏模式和弱面剪切破坏模式，各种破坏模式的裂纹尺寸较大，破坏时岩样较完整，个别岩样有少量较小碎块剥落。

（3）围压为零的常规单轴压缩条件下和不同围压条件的常规三轴压缩下，三种围岩岩样的峰值强度和围压的关系曲线基本为直线，满足摩尔-库仑强度准则。在相同围压条件下，围岩中的细砂岩峰值应力最大，粉砂岩次之，泥岩最小，且随围压的增大三者的峰值应力之间的差距有增大的趋势。

（4）粉砂岩、泥岩、细砂岩三种围岩岩样分别在无围压单轴压缩条件下和不同围压三轴压缩条件下的峰值轴向应变和峰值径向应变均与围压密切相关。有围压时，粉砂岩、泥岩、细砂岩三种围岩岩样的三轴压缩产生的峰值轴向应变和峰值径向应变大于无围压时的相应数值。各试样的峰值轴向应变和峰值径向应变均与围压基本呈线性关系。在单轴压缩和围压较低的三轴压缩条件下，岩样产生的轴向变形较小，发生脆性张拉破坏，峰值轴向应变较小。随着围压的增大，岩样的轴向变形增大，峰值轴向应变随之增大，围岩岩样由低围压下的脆性张拉破坏转化为高围压下的延性破坏。一般在相同围压条件下，围岩中的泥岩峰值轴向应变和峰值径向应变较大，细砂岩变形相对较小，粉砂岩介于两者之间。

（5）泥岩、粉砂岩和细砂岩三种围岩岩样有围压时的弹性模量明显大于无围压时的弹性模量。三种围岩岩样的弹性模量均随围压的增大呈线性增加趋势。三种围岩岩样中泥岩弹性模量最小，细砂岩弹性模量最大，粉砂岩居中。

（6）围压对围岩岩样泊松比的影响规律较复杂。有围压时，围岩岩样的泊松比明显提高。各岩样的泊松比除了受围压的影响，还受到岩样的成分组成、原始裂纹分布和加工缺陷等情况的影响，因而离散性较大，和围压的相关性不明确。

3 巷道围岩流变力学特性试验研究

岩土工程的长期稳定和安全与岩石流变特性密切相关。岩石流变是指岩石矿物组构（骨架）随时间增长而不断调整重组，导致其应力、应变状态亦随时间而持续地增长变化。蠕变性、松弛性、等时应力—应变关系、黏性和卸载特性是岩石流变的五个特性。蠕变指在恒定载荷作用下，变形随时间而增长的性质；应力松弛是当应变保持一定时，应力随时间而减少的现象，流动指变形随时间延续而发生的塑性变形，黏性流动和塑性流动；弹性后效是一种延期发生的弹性变形和弹性恢复，即外力卸载后弹性变形没有立即完全恢复，而是随着时间才逐渐恢复到零。流变问题主要研究蠕变特性，而蠕变特性主要由流变试验得到的蠕变曲线反映。流变试验能够控制试验条件，便于长期观察，可多次重复，是研究岩石在长期荷载作用下力学性质的主要途径。流变试验研究结果可为岩土流变本构模型的建立、岩土工程流变数值分析和岩体的稳定性评价提供依据。

朱集煤矿 1112（1）运输顺槽顶板高抽巷在下部运输顺槽掘进过程中，巷道围岩发生了较大变形，以底鼓现象最为严重，顶板和两帮也有不同程度的变形。围岩的流变力学特性直接影响着巷道的长期稳定与安全，因此必须对该巷道围岩的流变力学特性进行试验研究。

本章采用 TAW-2000M 岩石多功能试验机，对取自 1112（1）运输顺槽顶板高抽深井巷道的泥岩、粉砂岩和细砂岩等围岩岩样开展不同应力水平下单轴和三轴流变试验研究。基于试验结果，分析围岩岩样在不同受力条件下的流变特性及其变化规律，从而为围岩流变本构方程的建立和参数的辨识提供基础数据，并为巷道的长期稳定与安全性提供参考依据。

3.1 围岩岩样单轴流变特性试验

3.1.1 试验仪器

岩石单轴流变试验和三轴流变试验在 TAW-2000M 岩石多功能试验机上进行。TAW-2000M 岩石多功能试验机由刚性主机、控制柜、加压系统、计算机控制系统等组成，如图 3-1 所示。其最大轴向力 2000kN，试验力精度 ±1%，试验力分辨率为 1/120000，位移精度 ±1%，位移分辨率 1/100000，变形分辨率 1/100000，变形测量范围轴向为 0~10mm、径向为 0~5mm。蠕变加载系统加载平稳，长时间稳定性好，在轴向试验力、剪切试验力和围压量程范围内，100h 力值波动小于百分之一；试验持续时间大于 120 天。可进行岩石单轴压缩强度试验、单轴压缩变形试验、三轴压缩试验、三轴渗流试验、三轴循环加卸荷试验、三轴高温试验、三轴低温试验、直剪试验、单轴蠕变试验、三轴蠕变试验、剪切蠕变试验、动三轴试验、劈裂和断裂韧性等多项试验。

图 3-1　TAW-2000M 岩石多功能试验机

（a）刚性主机；（b）加压系统；（c）控制柜；（d）计算机控制系统

3.1.2　单轴流变特性试验试样准备

单轴流变试验共选取 3 个试样，其中泥岩、粉砂岩、细砂岩各 1 个，岩样尺寸见表 3-1，岩样照片如图 3-2 所示。

表 3-1　围岩流变特性试验岩样基本信息

试件编号	岩性	取样位置	取样深度/m	质量/g	试样平均尺寸/mm	试样密度/kg·m⁻³
顶2-7-8	泥岩	顶板	7~8	545.54	ϕ50.23×106.57	2584.62

试件编号	岩性	取样位置	取样深度/m	质量/g	试样平均尺寸/mm	试样密度/kg·m^{-3}
底 1-7-8-4	粉砂岩	底板	7~8	434.55	ϕ50.54×82.58	2624.38
底 1-7-8-2	细砂岩	底板	7~8	604.28	ϕ51.52×107.51	2697.55

(a)　　　　　　　　(b)　　　　　　　　(c)

图 3-2　单轴流变特性试验岩样

（a）顶 2-7-8 泥岩；（b）底 1-7-8-4 粉砂岩；（c）底 1-7-8-2 细砂岩

3.1.3　单轴流变特性试验方法

　　试验在恒温恒湿的流变实验室内进行，避免外界环境的影响。室内温度控制在 20℃±3℃，湿度控制在 40%。室内温度控制在 20℃±3℃。

　　岩石室内流变试验通常有两种加载方式，分别为恒定加载和梯级加载。恒定加载是采用一组完全同样的试件，在同样的仪器和同样的试验条件下进行流变试验，以得到一簇不同应力水平下的流变全过程曲线。梯级加载是对同一试件施加梯级增长荷载，每级荷载下蠕变达到稳定或者持续一定时间后施加下一级荷载，直到设定的应力水平或试件破坏。

　　恒定加载试验结果比较可靠，不受加载状态的影响。但是因为岩土试件性质很难完全相同，所以恒定加载试验难以实现完全相同的试验条件，得到的数据离散性很大。另外恒定加载试验需要的试件较多，试验时间较长，所以一般不采用。分级加载方式很大程度上节省了所需试件和试验时间，同时避免了因岩石性质不均匀导致的试验结果离散性等缺陷，是目前室内流变试验最普遍的加载方式。但梯级加载中上一级荷载的应力会对岩样造成不同程度的损伤，且随应力水平的提高，损伤逐渐增大，而恒定加载则可避免这种加载历史的影响。

采用梯级加载方法时，通常将岩石看作线性流变体，根据线性叠加原理，任一时刻的流变量等于每级荷载增量流变量的总和。而岩石流变是非线性的，往往并不满足线性叠加原理，对阶梯形蠕变曲线按线性叠加原理得到的岩石完整流变曲线存在一定的偏差。一种改进的方法就是采用非线性流变理论来研究梯级加载下的岩石流变。考虑非线性高次项及交叉项对流变方程的影响，找出每级应力增量下各非线性流变参数，从而得到非线性流变参数随应力和时间的变化，最终建立分级加载下岩石的非线性流变本构模型。但这种方法工作量较大，在实际应用方面存在一定的困难。

本书考虑到现场采集的岩样数目较少，试验条件有限，故采用梯级加载试验方法。

单轴流变试验各试件拟施加的荷载参照常规试验确定。将拟加载的最大荷载分成若干等级逐级施加荷载。各试件拟施加的第一级荷载取最大荷载的30%~50%，后面几级荷载根据变形情况按4~10MPa递增，直到试样破坏。实际加载时，荷载会根据变形情况有所调整，以测得完整的蠕变曲线，各级荷载下的应力水平见表3-2。

表 3-2 单轴流变试验梯级加载应力水平　　　　　　（MPa）

荷载等级	一级	二级	三级	四级	五级	六级	七级	八级	九级
顶2-7-8泥岩	29.8	34.8	39.8	44.9	50.0	55.1	—	—	—
底1-7-8-4粉砂岩	34.9	39.9	44.9	54.9	59.9	64.9	69.9	74.9	79.9
底1-7-8-2细砂岩	53.7	57.6	64.3	68.2	72.0	—	—	—	—

注："—"表示此级应力水平不存在。

加载速率为0.01MPa/s。试验过程中计算机自动进行数据采集，加载期间采样间隔0.01h。考虑到流变试验周期较长，而试验条件有限，除最后一级荷载持续时间由试验的破坏情况决定，其余各级荷载持续时间一般控制在7~26h之间。

流变试验的主要步骤为：（1）将烘干岩样用橡皮膜包好（防止压坏以后碎屑崩落，保持破坏时试验的原始状态），装好测量轴向变形和侧向变形的引伸计；（2）将准备好的试样放入试验机中，调整好试样的中心位置，使岩样的轴线与试验机加载中心线相重合，避免岩样偏心受压；（3）通过伺服系统按加载速率给岩样施加第一级应力，每级荷载下位移量小于0.001mm/h时或者到达预定时间后，施加下一级荷载，直到最后一级荷载，岩样发生流变破坏；（4）取出岩样，描述其破坏形式，整理试验数据。

3.2 围岩岩样单轴流变特性试验结果与分析

3.2.1 围岩岩样轴向和侧向流变规律研究

3.2.1.1 单轴流变特性试验轴向流变规律

A 单轴流变试验轴向全过程应变曲线

图3-3~图3-5为顶2-7-8泥岩、底1-7-8-4粉砂岩和底1-7-8-2细砂岩围岩岩样的单轴流变试验轴向应变全过程曲线。三种岩样单向应力状态下轴向全过程应变曲线有如下共同特征：

（1）岩样变形由瞬时变形和蠕变变形两部分组成。曲线呈阶梯形，说明当应力作用在试件的瞬间即有瞬时应变的产生，且瞬时应变值的大小与加载应力水平直接相关。以图所示的顶 2-7-8 泥岩为例，第一级荷载（轴向应力为29.8MPa）产生的瞬时轴向应变为0.527%，第六级荷载（轴向应力为55.1MPa）产生的瞬时轴向应变为0.660%。由此可知，应力水平越高瞬时轴向应变越大。

（2）当作用在试件上的应力水平低于屈服阈值时，轴向应变很快由初始阶段衰减为稳定蠕变，蠕变曲线随着时间的增加逐渐平缓，轴向应变趋于稳定值。如顶2-7-8泥岩，在前五级荷载作用下蠕变曲线均趋于平缓，时间越长这种趋势越明显。

（3）当作用在试件上的应力水平超过屈服阈值时，应变曲线在经过较短时间的蠕变后快速上扬，岩样瞬间达到极限应变值而发生破坏。顶2-7-8泥岩在应力水平为55.1MPa时，应变曲线经过约0.5h的衰减阶段和约1.5h等速蠕变阶段后进入加速蠕变阶段，约0.4h后试件破坏。底1-7-8-4粉砂岩在应力水平为79.9MPa时，应变曲线经历了约0.2h的衰减阶段蠕变阶段后进入稳态蠕变阶段，约1.3h后试件破坏。底1-7-8-2细砂岩在应力水平为72.0MPa时，应变曲线没

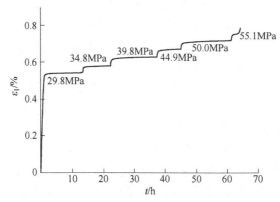

图3-3 单轴流变试验顶2-7-8泥岩轴向全过程应变曲线

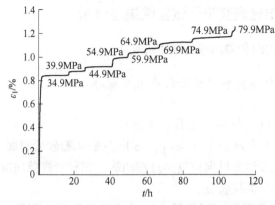

图 3-4   单轴压缩流变试验底 1-7-8-4 粉砂岩全过程轴向应变曲线

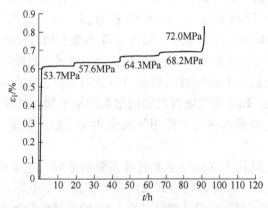

图 3-5   单轴压缩流变试验底 1-7-8-2 细砂岩全过程轴向应变曲线

有明显的衰减蠕变阶段，稳态蠕变阶段持续约 1h 后进入加速蠕变阶段，约 0.6h 后试件破坏。顶 2-7-8 泥岩和顶 2-3-4-4 细砂岩表现出完整的三阶段蠕变特征，而顶 2-7.8-8.1 粉砂岩只有衰减蠕变阶段和稳定蠕变阶段。

B   单轴流变试验瞬时加载轴向应力—应变曲线

顶 2-7-8 泥岩、底 1-7-8-4 粉砂岩和底 1-7-8-2 细砂岩三种围岩岩样单轴流变试验各级荷载加载期间的瞬时应力—应变关系曲线如图 3-6~图 3-8 所示。在每一级荷载作用下，都会产生瞬时线性应变。荷载越大产生的累计瞬时轴向应变越大，而瞬时轴向应变增量却有减小的趋势。围岩各岩样第一级荷载产生的瞬时轴向应变增量分别为 0.527、0.816 和 0.600，其余各级荷载产生的瞬时轴向应变增量如表 3-3~表 3-5 所示。在瞬时加载轴向应力—应变曲线图上，第一级荷载的曲线在加载初期曲线表现为上凹，其他级别的荷载对应的曲线基本为直线，说明岩样中存在有原生微裂隙或者张开性结构面。在较低荷载作用下，原生微裂隙或者张开性结构面逐渐闭合，岩石被压密，形成早期的非线性变形，这种非线性变形即使在撤去荷载以后也不会恢复。岩石的原生微裂隙越发育，强度越低，上凹就越明显，对应的非线性变形就越大。

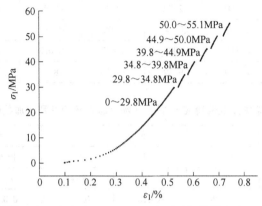

图 3-6 单轴压缩流变试验顶 2-7-8 泥岩瞬时加载轴向应力—应变曲线

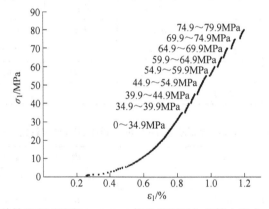

图 3-7 单轴流变试验底 1-7-8-4 粉砂岩瞬时加载轴向应力—应变曲线

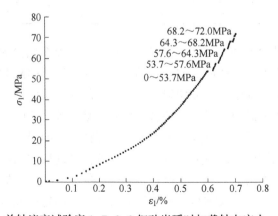

图 3-8 单轴流变试验底 1-7-8-2 细砂岩瞬时加载轴向应力—应变曲线

表 3-3　单轴流变试验顶 2-7-8 泥岩瞬时加载变形模量

荷载等级	一级	二级	三级	四级	五级	六级
应力平均值/MPa	22.60	32.32	37.37	42.42	47.48	52.53
应力增量/MPa	14.39	5.04	5.05	5.06	5.05	5.05
瞬时应变增量/%	0.117	0.026	0.027	0.028	0.026	0.026
变形模量 E/GPa	12.30	19.39	18.70	18.07	19.42	19.42

表 3-4　单轴流变试验底 1-7-8-4 粉砂岩各级荷载瞬时加载变形模量

荷载等级	一级	二级	三级	四级	五级
应力平均值/MPa	23.69	37.43	42.42	49.91	57.40
应力增量/MPa	10.05	4.98	5.00	9.98	5.00
瞬时应变增量/%	0.075	0.026	0.025	0.055	0.029
变形模量/GPa	13.40	19.15	20.00	18.15	17.24
荷载等级	六级	七级	八级	九级	
应力平均值/MPa	62.4	67.39	72.38	77.38	
应力增量/MPa	5.00	4.98	5.01	4.98	
瞬时应变增量/%	0.022	0.022	0.021	0.026	
变形模量 E/GPa	22.73	22.64	23.86	19.15	

表 3-5　单轴流变试验底 1-7-8-2 细砂岩瞬时加载变形模量

荷载等级	一级	二级	三级	四级	五级
应力平均值/MPa	42.42	55.66	60.94	66.24	70.08
应力增量/MPa	22.62	3.86	6.46	3.86	3.82
瞬时应变增量/%	0.142	0.014	0.022	0.012	0.012
变形模量 E/GPa	15.93	27.57	29.58	32.17	31.83

　　与常规压缩试验得到的应力—应变曲线相比较，流变试验的岩样经过压密以后，由于蠕变的作用，岩样内部的矿物结构、裂隙、变形等随时间的增长而不断重组和调整，使得内部结构更加均匀，因而抵抗瞬时荷载的能力并未因变形的增大和裂隙的发生扩展而明显降低。各岩样从第二级荷载开始时，每级荷载瞬时加载的应力—应变曲线基本呈直线，应力—应变保持一致的线性关系，一直到瞬时加载完成。常规压缩试验的应力—应变曲线随着荷载的增大而弯向应变轴，材料抵抗变形的能力是逐渐降低的，主要是因为内部的缺陷、裂隙的分布和变形的不均匀性因时间短暂而来不及调整，应力的分布非常不均匀造成的。

　　除第一级荷载外，其余各级荷载增量对应的曲线较近似为直线，所以可取各级荷载下三种围岩岩样应力增量和应变增量的比值作为变形模量，而第一级荷载取直线段的应力增量和应变增量的比值作为变形模量，各级荷载对应的变形模量见表3-3~表3-5。

变形模量 E 和各级加载应力平均值的关系曲线如图3-9所示。三种围岩岩样在各级荷载下的变形模量波动较小，有一定增大趋势。在应力较高时，三种围岩岩样中细砂岩的变形模量数值显著高于泥岩和粉砂岩，说明高应力水平下细砂岩抵抗变形的能力较强。三种岩样的第一级荷载对应的变形模量均较小，主要是由于岩样中的原始缺陷使得初期变形较大，另外应考虑高地应力状态下的岩样从围岩中取出后应力卸载而导致岩样体积回弹方面的原因。

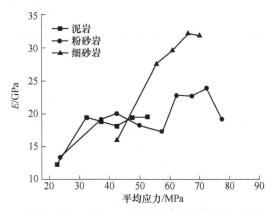

图3-9　单轴流变试验各级瞬时加载平均应力与变形模量关系

岩石本身是不均匀材料，在工程中由于岩石的成分、受力、含水量和缺陷分布不同，因而力学和变形性质的离散性很大，所以在计算和工程应用中片面追求数值的精确性没有必要。三种围岩岩样的变形模量可近似取各级荷载下瞬时加载变形模量的平均值，见表3-6。

表3-6　单轴流变试验围岩岩样变形模量平均值　　（GPa）

岩　样	顶2-7-8泥岩	底1-7-8-4粉砂岩	底1-7-8-2细砂岩
变形模量平均值	17.88	19.59	27.42

顶2-7-8泥岩的变形模量平均值为178.88MPa；底1-7-8-4粉砂岩的变形模量平均值为195.91MPa，底1-7-8-2细砂岩的变形模量平均值为274.16MPa，远大于泥岩和粉砂岩。

C　单轴流变试验轴向蠕变曲线

三种围岩岩样的单轴流变试验轴向蠕变曲线如图3-10~图3-12所示，轴向蠕变试验结果见表3-7~表3-9。以顶2-7-8泥岩为例阐述单轴流变试验轴向应变的变化规律。顶2-7-8泥岩岩样荷载共分6级，第一级荷载为29.8MPa，其余

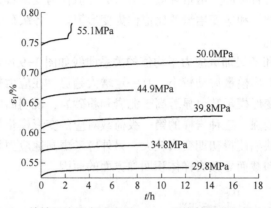

图 3-10　单轴压缩流变试验顶 2-7-8 泥岩轴向分级蠕变曲线

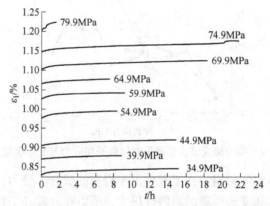

图 3-11　单轴流变试验底 1-7-8-4 粉砂岩轴向分级蠕变曲线

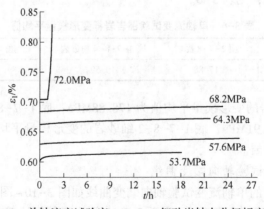

图 3-12　单轴流变试验底 1-7-8-2 细砂岩轴向分级蠕变曲线

荷载按 5MPa 的应力递增，最后一集荷载的应力为 55.1MPa。前五级荷载持续 7~16h，变形基本稳定后即停止加载。最后一级荷载持续约 2.54h，发生加速蠕变而破坏。最后一级荷载蠕变曲线表现出典型的衰减蠕变阶段、稳态蠕变阶段和加速蠕变阶段。所谓衰减阶段又称为初始蠕变阶段或减速蠕变阶段，蠕变曲线下凹，应变率随时间迅速递减；稳态阶段又称等速蠕变阶段，蠕变曲线近似为一倾斜直线，应变随时间呈近于等速的增长；加速蠕变阶段，蠕变速率迅速增加。

表 3-7 顶 2-7-8 泥岩单轴流变试验轴向应变结果

荷载等级	一级	二级	三级	四级	五级	六级
应力水平/MPa	29.8	34.8	39.8	44.9	50	55.1
应力增量/MPa	29.8	5	5	5	5	5
蠕变时间/h	12.23	8.77	14.98	7.6	16.03	2.54
累计蠕变时间/h	12.23	21.00	35.98	43.58	59.61	62.15
初始瞬时应变/%	0.000	0.543	0.581	0.629	0.672	0.720
末尾瞬时应变/%	0.527	0.567	0.606	0.656	0.696	0.745
初始蠕变应变/%	0.527	0.567	0.607	0.656	0.697	0.745
末尾蠕变应变/%	0.542	0.579	0.628	0.670	0.719	0.781
瞬时应变增量/%	0.527	0.026	0.027	0.028	0.026	0.026
蠕变应变增量/%	0.015	0.012	0.021	0.015	0.023	0.036
总应变增量/%	0.542	0.037	0.049	0.043	0.049	0.062
瞬时应变增量/ 总应变增量/%	97.29	68.47	56.32	65.80	53.11	41.87
蠕变应变增量/ 总应变增量/%	2.71	31.53	43.68	34.20	46.89	58.13
蠕变应变增量/ 瞬时应变增量	0.03	0.46	0.78	0.52	0.88	1.39
累计瞬时应变/%	0.527	0.553	0.580	0.608	0.634	0.660
累计蠕变应变/%	0.015	0.027	0.048	0.063	0.086	0.122
累计总应变/%	0.542	0.579	0.628	0.671	0.720	0.782
累计瞬时应变/ 累计总应变/%	97.23	95.37	92.35	90.66	88.10	84.44
累计蠕变应变/ 累计总应变/%	2.77	4.63	7.65	9.34	11.90	15.56
累计蠕变应变/ 累计瞬时应变	0.03	0.05	0.08	0.10	0.14	0.18

表 3-8　底 1-7-8-4 粉砂岩单轴流变试验轴向应变结果

荷载等级	一级	二级	三级	四级	五级	六级	七级	八级	九级
应力水平/MPa	34.9	39.9	44.9	54.9	59.9	64.9	69.9	74.9	79.9
应力增量/MPa	34.9	5.0	5.0	10.0	5.0	5.0	5.0	5.0	5.0
蠕变时间/h	15.12	8.82	14.86	8.27	9.08	7.47	18.27	18.45	2
累计蠕变时间/h	15.12	23.94	38.8	47.07	56.15	63.62	81.89	100.34	102.34
初始瞬时应变/%	0.011	0.846	0.881	0.92	0.996	1.042	1.077	1.125	1.177
末尾瞬时应变/%	0.828	0.871	0.905	0.975	1.025	1.065	1.099	1.145	1.201
初始蠕变应变/%	0.829	0.871	0.905	0.975	1.025	1.065	1.099	1.147	1.202
末尾蠕变应变/%	0.845	0.88	0.919	0.996	1.042	1.077	1.125	1.175	1.223
瞬时应变增量/%	0.816	0.026	0.025	0.055	0.029	0.022	0.022	0.021	0.026
蠕变应变增量/%	0.017	0.009	0.015	0.021	0.017	0.012	0.026	0.03	0.021
总应变增量/%	0.834	0.035	0.04	0.076	0.047	0.034	0.048	0.051	0.047
瞬时应变增量/ 总应变增量/%	97.95	74.2	62.81	72.44	62.94	64.96	45.69	41.21	55.01
蠕变应变增量/ 总应变增量/%	2.05	25.8	37.19	27.56	37.06	35.04	54.31	58.79	44.99
蠕变应变增量/ 瞬时应变增量	0.02	0.35	0.59	0.38	0.59	0.54	1.19	1.43	0.82
累计瞬时应变/%	0.816	0.842	0.867	0.922	0.951	0.973	0.995	1.016	1.042
累计蠕变应变/%	0.017	0.026	0.041	0.062	0.079	0.091	0.117	0.147	0.168
累计总应变/%	0.833	0.868	0.908	0.984	1.030	1.064	1.112	1.163	1.210
累计瞬时应变/ 累计总应变/%	97.96	97.00	95.48	93.70	92.33	91.45	89.48	87.36	86.12
累计蠕变应变/ 累计总应变/%	2.04	3.00	4.52	6.30	7.67	8.55	10.52	12.64	13.88
累计蠕变应变/ 累计瞬时应变	0.02	0.03	0.05	0.07	0.08	0.09	0.12	0.14	0.16

表 3-9　底 1-7-8-2 细砂岩单轴流变试验轴向应变结果

荷载等级	一级	二级	三级	四级	五级
应力水平/MPa	53.7	57.6	64.3	68.2	72
应力增量/MPa	53.7	3.9	6.7	3.9	3.8

荷载等级	一级	二级	三级	四级	五级
蠕变时间/h	18.05	25.34	21.69	23.29	1.59
累计蠕变时间/h	18.05	43.39	65.08	88.37	89.96
初始瞬时应变/%	0.000	0.618	0.640	0.674	0.692
末尾瞬时应变/%	0.600	0.629	0.661	0.684	0.703
初始蠕变应变/%	0.601	0.629	0.662	0.684	0.704
末尾蠕变应变/%	0.616	0.639	0.672	0.692	0.829
瞬时应变增量/%	0.600	0.013	0.022	0.012	0.011
蠕变应变增量/%	0.016	0.010	0.011	0.009	0.125
总应变增量/%	0.616	0.023	0.033	0.020	0.136
瞬时应变增量/ 总应变增量/%	97.45	56.71	67.72	57.81	8.08
蠕变应变增量/ 总应变增量/%	2.55	43.29	32.28	42.19	91.92
蠕变应变增量/ 瞬时应变增量	0.03	0.76	0.48	0.73	11.38
累计瞬时应变/%	0.600	0.613	0.636	0.647	0.658
累计蠕变应变/%	0.016	0.026	0.036	0.045	0.170
累计总应变/%	0.616	0.639	0.672	0.692	0.829
累计瞬时应变/ 累计总应变/%	97.45	95.96	94.58	93.50	79.45
累计蠕变应变/ 累计总应变/%	2.55	4.04	5.42	6.50	20.55
累计蠕变应变/ 累计瞬时应变	0.03	0.04	0.06	0.07	0.26

前四级荷载作用下，蠕变曲线在加载初期出现明显的衰减阶段，衰减阶段持续时间约 2~4h。最后一级荷载在约 2.5h 时，蠕变曲线突然上扬，轴向应变大幅度增加，说明岩石内部裂纹开始迅速，岩石即将破坏。底 1-7-8-4 粉砂岩和底 1-7-8-2 细砂岩最后一级破坏荷载持续的试件也比较短暂，分别为 2h 和 1.59h。

低应力水平时，岩样轴向蠕变应变很小。如顶 2-7-8 泥岩在 29.8MPa 应力水平时，在经过 12.23h 以后，岩样轴向应变从 0.524% 增加到 0.542%，仅增加了 0.015%，此后随着应力水平的增加，轴向流变变形量有增大的趋势。在 55.1MPa 应力水平时，蠕变曲线在加载末期陡然上升，在 2.54h 内，岩样轴向应变增加了 0.036%，远远大于前几级荷载产生的轴向应变增量，岩样发生破坏。

　　随着荷载等级的提高，三种岩样各级荷载轴向蠕变应变增量所占轴向总应变增量的百分比随荷载等级的提高有明显增大趋势，如图 3-13 所示。在第一级荷载时，顶 2-7-8 泥岩、底 1-7-8-4 粉砂岩和底 1-7-8-2 细砂岩轴向蠕变增量仅占轴向总应变的 2.71%、2.05% 和 2.55%，最后一级荷载时则分别为 58.13%、44.99% 和 91.92%。相应地，各级荷载产生的瞬时轴向应变增量在总轴向应变增量中的比例越来越小。在第一级荷载时，顶 2-7-8 泥岩、底 1-7-8-4 粉砂岩和底 1-7-8-2 细砂岩轴向蠕变增量分别为瞬时应变增量的 0.816 倍、0.02 倍和0.03 倍，瞬时应变增量远远大于蠕变应变增量。随着荷载的增大，轴向蠕变应变增量与轴向瞬时应变增量的比值逐渐增大，临近破坏时，轴向蠕变应变增量接近甚至超过轴向瞬时应变增量的数值。

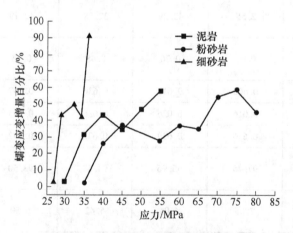

图 3-13　单轴流变试验轴向与应力关系

　　顶 2-7-8 泥岩、底 1-7-8-4 粉砂岩和底 1-7-8-2 细砂岩各级荷载的累计轴向蠕变应变量随着荷载的增大和时间的增长而增大，累计轴向蠕变应变量占累计轴向总应变的百分比随应力的提高和时间的增长而逐渐增大，如图 3-14 和图 3-15 所示。以顶 2-7-8 泥岩为例，在 29.8MPa、34.8MPa、39.8MPa、44.9MPa、50MPa 和 55.1MPa 的应力水平下，对应的累计蠕变时间为12.23h、21.00h、35.98h、43.58h、59.61h 和 62.15h 时，累计轴向蠕变应变分别为 0.015%、0.027%、0.048%、0.063%、0.086% 和 0.122%，在累计轴向总应变中的百分比分别为 2.77%、4.63%、7.65%、9.34%、11.90%、15.56%。

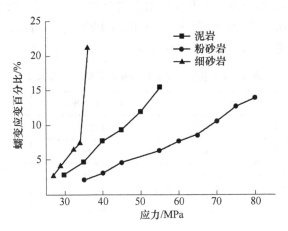

图 3-14 单轴流变试验累计轴向蠕变应变百分比与应力关系

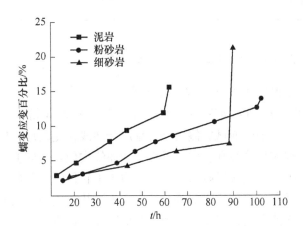

图 3-15 单轴流变试验累计轴向蠕变应变百分比与时间关系

在最后一级荷载作用下破坏时，因裂纹急剧开展，在短时间内轴向应变急剧增加。在破坏时，累计轴向蠕变应变分别只占到累计轴向总应变的15.53%、13.88%和20.55%，相应的累计轴向瞬时应变则占到累计轴向总应变的84.47%、86.12%和79.45%，累计轴向蠕变应变与累计轴向瞬时应变的比值分别为0.18、0.16和0.27。虽然轴向蠕变数值相对较小，但在很大程度上促进了材料内部损伤和裂缝的发展，最终导致了材料承载力的降低和破坏的提前发生。

三种围岩岩样发生破坏时的累计轴向应变的对比分析见表3-10。轴向变形能力最大的是底1-7-8-4粉砂岩岩样，累计轴向总应变为1.210%。泥岩和细砂岩累计轴向总应变分别为0.781%和0.829%。泥岩、粉砂岩和细砂岩的累计轴向瞬时应变占累计轴向总应变的百分比较为接近，分别为84.47%、86.12%和

79.45%，相应累计蠕变应变所占百分比分别为 15.53%、13.88% 和 20.55%。依据蠕变量和蠕变所占百分比综合评价岩石的蠕变特性，三种围岩岩样的轴向变形均以瞬时变形为主，轴向蠕变性质不显著。

表 3-10   围岩岩样单轴流变试验轴向应变对比

岩　样	顶 2-7-8 泥岩	底 1-7-8-4 粉砂岩	底 1-7-8-2 细砂岩
累计轴向瞬时应变/%	0.660	1.042	0.658
累计轴向蠕变应变/%	0.121	0.168	0.170
累计轴向总应变/%	0.781	1.210	0.829
累计轴向瞬时应变/ 累计轴向总应变/%	84.47	86.12	79.45
累计轴向蠕变应变/ 累计轴向总应变/%	15.53	13.88	20.55

3.2.1.2   单轴流变特性试验侧向流变规律

A   单轴流变试验侧向全过程应变曲线

图 3-16~图 3-18 所示为顶 2-7-8 泥岩、底 1-7-8-4 粉砂岩和底 1-7-8-2 细砂岩围岩岩样的单轴流变试验侧向全过程应变曲线，侧向应变以向外侧膨胀为正值。侧向全过程应变曲线和轴向全过程蠕变曲线类似：侧向变形由瞬时变形和蠕变变形两部分组成，曲线呈阶梯形；当应力水平较低时，侧向应变很快由初始阶段衰减为稳定蠕变，当作用在试件上的应力水平超过屈服阀值时，曲线经过一段时间的蠕变后突然上扬，岩样进入加速变形阶段，最终破坏。

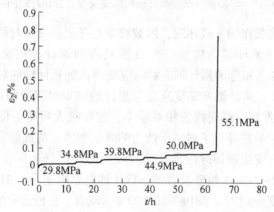

图 3-16   单轴流变试验顶 2-7-8 泥岩侧向全过程蠕变曲线

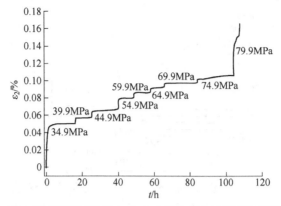

图 3-17 单轴流变试验底 1-7-8-4 粉砂岩全过程侧向蠕变曲线

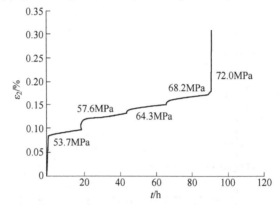

图 3-18 单轴流变试验底 1-7-8-2 细砂岩全过程侧向蠕变曲线

B 单轴流变试验侧向蠕变曲线

顶 2-7-8 泥岩、底 1-7-8-4 粉砂岩和底 1-7-8-2 细砂岩围岩岩样单轴流变试验各级荷载作用下的侧向蠕变曲线如图 3-19~图 3-21 所示，侧向蠕变结果见

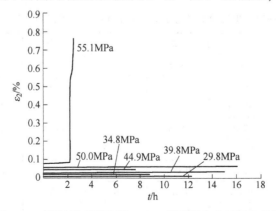

图 3-19 单轴流变试验顶 2-7-8 泥岩侧向分级蠕变曲线

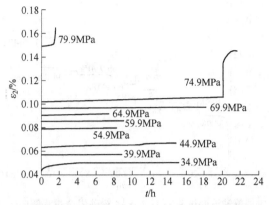

图 3-20　单轴流变试验底 1-7-8-4 粉砂岩侧向分级蠕变曲线

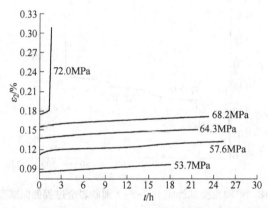

图 3-21　单轴流变试验底 1-7-8-2 细砂岩侧向分级蠕变曲线

表 3-11~表 3-13。最后一级加载时，侧向蠕变曲线表现出明显的上扬趋势，岩样在短时间内发生侧向膨胀变形，以顶 2-7-8 泥岩最为显著。

表 3-11　单轴流变试验顶 2-7-8 泥岩单轴压缩侧向应变结果

荷载等级	一级	二级	三级	四级	五级	六级
应力水平/MPa	29.8	34.8	39.8	44.9	50	55.1
应力增量/MPa	29.8	5.0	5.0	5.0	5.0	5.0
蠕变时间/h	12.23	8.77	14.98	7.6	16.03	2.54
累计蠕变时间/h	12.23	21.00	35.98	43.58	59.61	62.15
初始瞬时应变/%	0.000	0.009	0.020	0.034	0.046	0.066
末尾瞬时应变/%	0.005	0.017	0.027	0.042	0.055	0.076
初始蠕变应变/%	0.005	0.017	0.027	0.042	0.056	0.076
末尾蠕变应变/%	0.009	0.020	0.033	0.046	0.066	0.759

荷载等级	一级	二级	三级	四级	五级	六级
瞬时应变增量/%	0.005	0.008	0.008	0.009	0.010	0.010
蠕变应变增量/%	0.004	0.003	0.006	0.003	0.010	0.683
总应变增量/%	0.009	0.011	0.014	0.012	0.020	0.693
瞬时应变增量/总应变增量/%	52.49	74.25	56.49	72.58	48.86	1.50
蠕变应变增量/总应变增量/%	47.51	25.75	43.51	27.42	51.14	98.50
蠕变应变增量/瞬时应变增量	0.91	0.35	0.77	0.38	1.05	65.47
累计瞬时应变/%	0.005	0.013	0.021	0.030	0.040	0.050
累计蠕变应变/%	0.004	0.007	0.013	0.016	0.026	0.709
累计总应变/%	0.009	0.020	0.034	0.046	0.066	0.759
累计瞬时应变/累计总应变/%	55.56	65.79	62.01	64.88	60.04	6.59
累计蠕变应变/累计总应变/%	44.44	34.21	37.99	35.12	39.96	93.41
累计蠕变应变/累计瞬时应变	0.80	0.52	0.61	0.54	0.67	14.18

表 3-12　单轴流变试验底 1-7-8-4 粉砂岩单轴压缩侧向应变结果

荷载等级	一级	二级	三级	四级	五级	六级	七级	八级	九级
应力水平/MPa	34.9	39.9	44.9	54.9	59.9	64.9	69.9	74.9	79.9
应力增量/MPa	34.9	5.0	5.0	10.0	5.0	5.0	5.0	5.0	5.0
蠕变时间/h	15.12	8.82	14.86	8.27	9.08	7.47	18.27	18.45	2.00
累计蠕变时间/h	15.12	23.94	38.8	47.07	56.15	63.62	81.89	100.34	102.34
初始瞬时应变/%	-0.001	0.050	0.058	0.067	0.080	0.086	0.093	0.098	0.146
末尾瞬时应变/%	0.043	0.057	0.063	0.079	0.080	0.091	0.097	0.102	0.150
初始蠕变应变/%	0.043	0.057	0.063	0.079	0.085	0.091	0.097	0.102	0.150
末尾蠕变应变/%	0.050	0.057	0.066	0.080	0.086	0.092	0.097	0.145	0.165
瞬时应变增量/%	0.044	0.006	0.006	0.012	0.000	0.005	0.005	0.005	0.004
蠕变应变增量/%	0.007	0.001	0.003	0.001	0.006	0.002	0.001	0.043	0.016
总应变增量/%	0.051	0.007	0.009	0.013	0.006	0.006	0.005	0.048	0.020

荷载等级	一级	二级	三级	四级	五级	六级	七级	八级	九级
瞬时应变增量/总应变增量/%	86.09	90.81	65.54	93.84	7.10	74.37	88.18	10.02	21.19
蠕变应变增量/总应变增量/%	13.91	9.19	34.46	6.16	92.90	25.63	11.82	89.98	78.81
蠕变应变增量/瞬时应变增量	0.16	0.10	0.53	0.07	13.09	0.34	0.13	8.98	3.72
累计瞬时应变/%	0.044	0.050	0.056	0.069	0.069	0.074	0.079	0.083	0.088
累计蠕变应变/%	0.007	0.008	0.011	0.012	0.017	0.019	0.020	0.063	0.079
累计总应变/%	0.051	0.058	0.067	0.080	0.087	0.093	0.098	0.146	0.166
累计瞬时应变/累计总应变/%	86.27	86.83	83.93	85.56	79.92	79.53	79.98	57.05	52.73
累计蠕变应变/累计总应变/%	13.73	13.17	16.07	14.44	20.08	20.47	20.02	42.95	47.27
累计蠕变应变/累计瞬时应变	0.16	0.15	0.19	0.17	0.25	0.26	0.25	0.75	0.90

表 3-13 单轴流变试验底 1-7-8-2 细砂岩侧向应变结果

荷载等级	一级	二级	三级	四级	五级
应力水平/MPa	53.7	57.6	64.3	68.2	72
应力增量/MPa	53.7	3.9	6.7	3.9	3.8
蠕变时间/h	18.05	25.34	21.69	23.29	1.59
累计蠕变时间/h	18.05	43.39	65.08	88.37	89.96
初始瞬时应变/%	0.000	0.097	0.133	0.151	0.172
末尾瞬时应变/%	0.084	0.100	0.137	0.155	0.174
初始蠕变应变/%	0.085	0.112	0.137	0.155	0.174
末尾蠕变应变/%	0.097	0.133	0.151	0.171	0.308
瞬时应变增量/%	0.084	0.003	0.004	0.004	0.003
蠕变应变增量/%	0.012	0.033	0.014	0.017	0.134
总应变增量/%	0.097	0.036	0.018	0.021	0.137
瞬时应变增量/总应变增量/%	87.23	9.47	24.46	19.40	2.26
蠕变应变增量/总应变增量/%	12.77	90.53	75.54	80.60	97.74

荷载等级	一级	二级	三级	四级	五级
蠕变应变增量/ 瞬时应变增量	0.15	9.56	3.09	4.15	43.17
累计瞬时应变/%	0.084	0.088	0.092	0.096	0.099
累计蠕变应变/%	0.012	0.045	0.058	0.075	0.209
累计总应变/%	0.097	0.133	0.151	0.171	0.308
累计瞬时应变/ 累计总应变/%	87.23	66.18	61.20	56.16	32.21
累计蠕变应变/ 累计总应变/%	12.77	33.82	38.80	43.84	67.79
累计蠕变应变/ 累计瞬时应变	0.15	0.51	0.63	0.78	2.10

底 1-7-8-4 粉砂岩在第八级荷载作用下，即轴向应力为 74.9MPa 时，侧向蠕变曲线在 20.08h 时有跳跃，约 0.85h 后曲线恢复平缓状态，侧向应变继续稳定增长。与此相似，底 1-7-8-2 细砂岩在第一级荷载和第二级荷载加载，即轴向应力分别为 26.9MPa 和 28.8MPa 时，分别在本级荷载作用 6.76h 和 13.24h 时，侧向蠕变曲线产生跳跃，但随后恢复正常。而此时两个岩样的轴向应变仅有微小突变，轴向蠕变曲线的跳跃较不明显，轴向应力未出现降低现象，说明此时岩样并未发生整体破坏，仍然能继续承受荷载。出现应变突然跳跃的原因是岩样受到恒定应力的持续作用，内部逐渐产生损伤，强度较低处出现突然的局部损伤或局部开裂。但是经过应力重新分布，变形进一步调整，这种局部的损伤或开裂并未引起岩样的整体破坏。

低应力水平时，岩样侧向蠕变应变一般较小，高应力水平时，侧向蠕变应变迅速增加。瞬时侧向应变随应力水平的变化比较平稳，侧向蠕变应变增量在侧向总应变增量中的比率随荷载等级的提高而增大，累计侧向蠕变应变在累计侧向总应变中的比例越来越大。以顶 2-7-8 泥岩为例，各级荷载下侧向瞬时应变增量 0.05%~0.10% 之间，瞬时应变量随应力水平变化不大。前五级荷载每级加载产生的侧向蠕变应变增量在 0.03%~0.10% 之间，而第六级荷载时侧向蠕变应变增量达到 0.683%。侧向瞬时应变增量在侧向总应变增量中的比率随荷载等级的增大而降低，相应的侧向蠕变应变增量的比率越来越大，在最后一级荷载时，侧向蠕变应变增量占到侧向总应变增量的 98.50%，侧向蠕变应变增量达到侧向瞬时应变增量的 65.47 倍。累计侧向蠕变应变在最后一级荷载时超过累计侧向瞬时应变，累计侧向蠕变应变占累计总侧向应变的 93.41%，累计侧向瞬时应变占累计总侧向应变的 6.59%，累计侧向蠕变应变与累计侧向瞬时应变的比值为 14.18。底 1-7-8-4 粉砂岩和底 1-7-8-2 细砂岩岩样的侧向应变具有类似的变化规律。

围岩岩样在各级荷载作用下侧向蠕变应变增量所占轴向总应变增量的百分比和应力水平的关系如图 3-22 所示。虽然各岩样侧向蠕变应变增量的百分比随应力水平的变化有较大波动，但整体趋势仍然是随应力增大而增大的。如在第一级荷载时，顶 2-7-8 泥岩、底 1-7-8-4 粉砂岩和底 1-7-8-2 细砂岩侧向蠕变增量占总侧向应变增量的 47.51%、13.91% 和 12.77%，最后一级荷载时则分别为 98.50%、78.81% 和 97.74%。

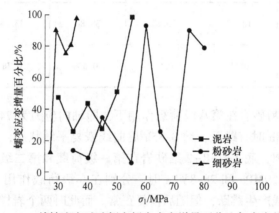

图 3-22　单轴流变试验侧向蠕变应变增量百分比与应力关系

顶 2-7-8 泥岩、底 1-7-8-4 粉砂岩和底 1-7-8-2 细砂岩各级荷载的累计侧向蠕变应变量随着荷载的增大和时间的增长而增大，累计轴向蠕变应变量占累计轴向总应变的百分比随应力的提高和时间的增长而逐渐增大，如图 3-23 和图 3-24 所示。以顶 2-7-8 泥岩为例，在 29.8MPa、34.8MPa、39.8MPa、44.9MPa、

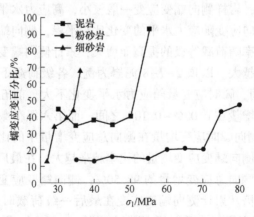

图 3-23　单轴流变试验累计侧向蠕变应变百分比与应力关系

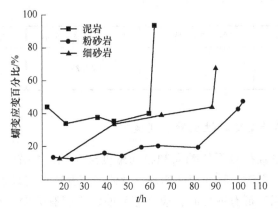

图 3-24 单轴流变试验累计侧向蠕变应变百分比与时间关系

50MPa 和 55.1MPa 的应力水平下，对应的累计蠕变时间为 12.23h、21.00h、35.98h、43.58h、59.61h 和 62.15h 时，累计侧向蠕变应变分别为 0.004%、0.007%、0.013%、0.016%、0.026% 和 0.709%，在累计轴向总应变中的百分比分别为 44.44%、34.21%、37.99%、35.12%、39.96%、93.41%。

三种围岩岩样发生破坏时的累计侧向应变的对比分析见表 3-14。岩样破坏时，顶 2-7-8 泥岩、底 1-7-8-4 粉砂岩和底 1-7-8-2 细砂岩围岩岩样的累计侧向总应变分别为 0.759%、0.166% 和 0.308%。其中累计轴向瞬时应变分别为 0.050%、0.088% 和 0.099%，累计轴向蠕变应变分别为 0.709%、0.079% 和 0.209%。累计轴向瞬时应变分别占累计轴向总应变的 6.59%、52.73% 和 32.21%，累计轴向蠕变应变分别占累计轴向总应变的 93.41%、47.27% 和 67.79%。顶 2-7-8 泥岩和底 1-7-8-2 细砂岩岩样的侧向变形以蠕变变形为主，底 1-7-8-4 粉砂岩的侧向变形中瞬时变形和蠕变变形基本各占一半。由以上分析可知，围岩岩样的侧向变形均基本以蠕变为主。顶 2-7-8 泥岩累计侧向蠕变应变和累计侧向总应变最大，且其蠕变变形所占百分比最大。依据蠕变量和蠕变所占百分比综合评价岩石的蠕变特性，则泥岩的蠕变性质最为显著，其次为细砂岩，粉砂岩最小。

表 3-14 围岩岩样单轴流变试验侧向应变比较

岩 样	顶 2-7-8 泥岩	底 1-7-8-4 粉砂岩	底 1-7-8-2 细砂岩
累计侧向瞬时应变/%	0.050	0.088	0.099
累计侧向蠕变应变/%	0.709	0.079	0.209
累计侧向总应变/%	0.759	0.166	0.308
累计侧向瞬时应变/ 累计侧向总应变/%	6.59	52.73	32.21

岩　样	顶 2-7-8 泥岩	底 1-7-8-4 粉砂岩	底 1-7-8-2 细砂岩
累计侧向蠕变应变/ 累计侧向总应变/%	93.41	47.27	67.79

3.2.1.3　单轴流变特性试验流变速率

围岩各岩样各级荷载下的轴向和径向蠕变速率曲线如图 3-25 ~ 图 3-30 所示。应力水平比较低时，轴向应变速率以及侧向应变速率均只表现出初始衰减阶段和稳态阶段。当变形有突变时，应变速率曲线相应有突变。在初始衰减阶段，流变速率随着时间的增长很快衰减；在稳态阶段，流变速率在接近于零的数值附近上下浮动，每小时应变的增长量值的数量级为 10^{-6}，即稳态蠕变速率约为 $10^{-6}/h$。以顶 2-7-8 泥岩试样为例，在 29.8MPa 应力水平下，在蠕变开始 1.8h 后，蠕变速率曲线基本和横轴平行，蠕变共持续约 12.2h，最后 1h 轴向蠕变量约为 0.0004%，侧向蠕变量约为 0，即轴向稳态蠕变速率约为 $4 \times 10^{-6}/h$，侧向稳态蠕变速率接近于 0。最后 1h 的蠕变速率较接近稳定蠕变速率的数值和变化规律，可近似代替稳定蠕变速率进行分析。三种岩样的各级荷载下的轴向和侧向稳定蠕变速率见表 3-15 和表 3-16。

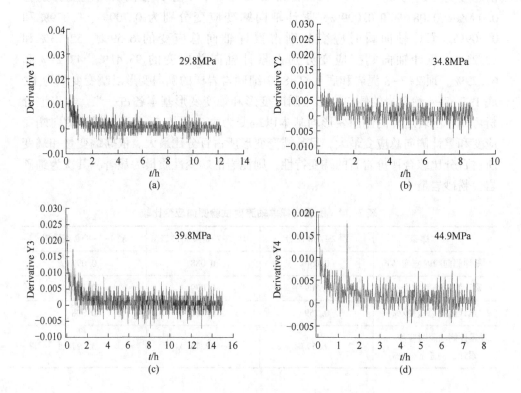

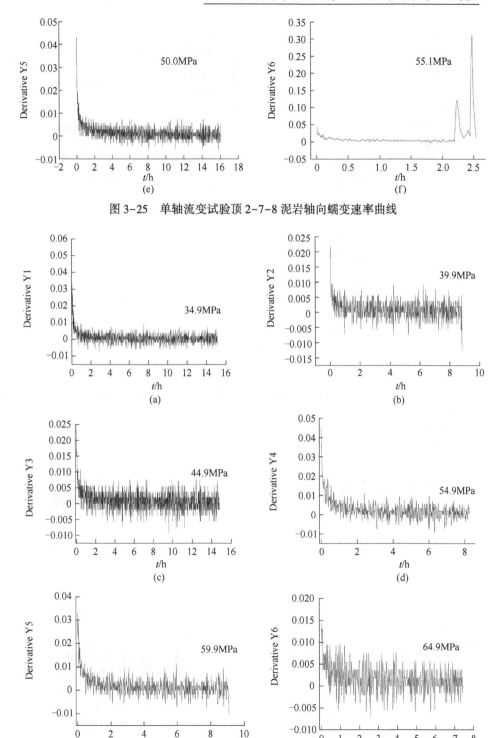

图 3-25 单轴流变试验顶 2-7-8 泥岩轴向蠕变速率曲线

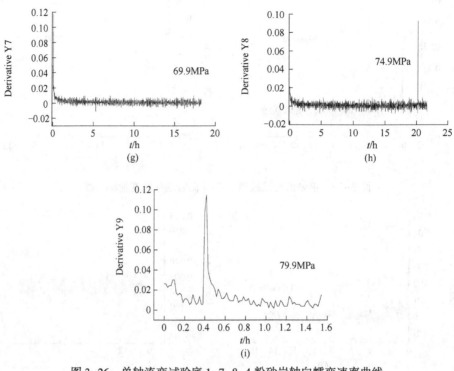

图 3-26 单轴流变试验底 1-7-8-4 粉砂岩轴向蠕变速率曲线

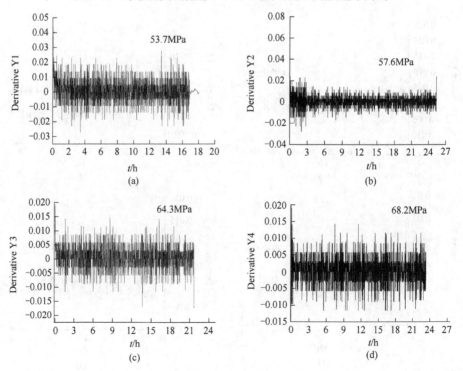

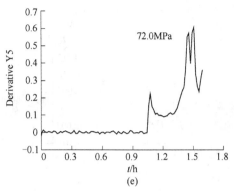

图 3-27 单轴流变试验底 1-7-8-2 细砂岩轴向蠕变速率曲线

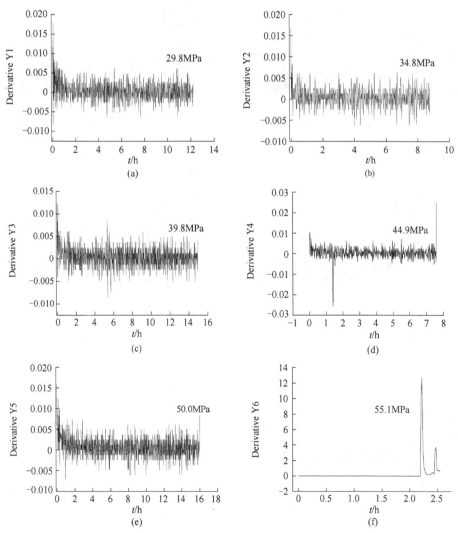

图 3-28 单轴流变试验顶 2-7-8 泥岩侧向蠕变速率曲线

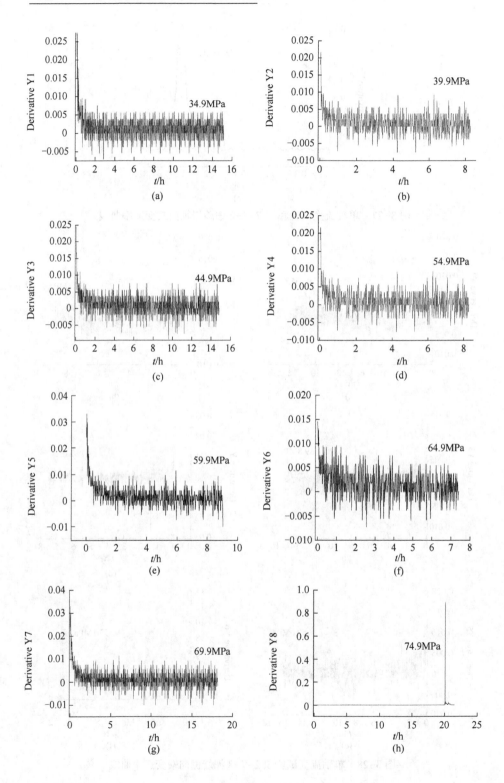

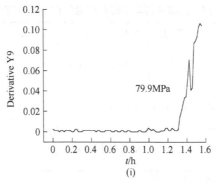

图 3-29　单轴流变试验底 1-7-8-4 粉砂岩侧向蠕变速率曲线

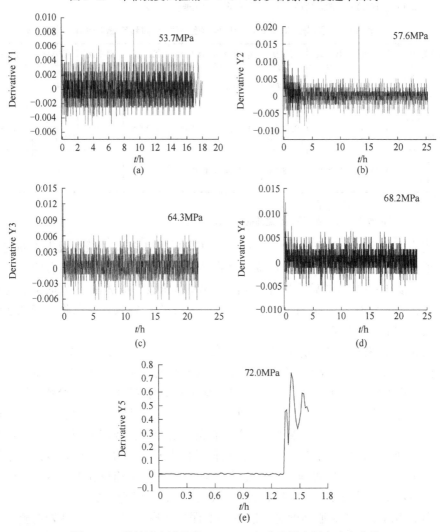

图 3-30　单轴流变试验底 1-7-8-2 细砂岩侧向蠕变速率曲线

表 3-15   围岩岩样单轴流变试验轴向稳定蠕变速率   （10^{-2}/h）

荷载等级	第一级	第二级	第三级	第四级	第五级	第六级	第七级	第八级	第九级
顶 2-7-8 泥岩	0.0004	0.0005	0.0004	0.0007	0.0005	0.0031	—	—	—
底 1-7-8-4 粉砂岩	0.0004	0.0003	0.0003	0.0010	0.0007	0.0006	0.0004	0.0008 (0.0001)	0.0077
底 1-7-8-2 细砂岩	0.0006	0.0004	0.0007	0.0001	0.0010	—	—	—	—

注：1. "—" 表示数值不存在；

2. 括号内数值表示的是变形突变之前的稳定蠕变速率。

表 3-16   围岩岩样单轴流变试验各级荷载侧向稳定蠕变速率   （10^{-2}/h）

荷载等级	第一级	第二级	第三级	第四级	第五级	第六级	第七级	第八级	第九级
顶 2-7-8 泥岩	0.0000	0.0000	0.0001	0.0002	0.0003	0.0021	—	—	—
底 1-7-8-4 粉砂岩	0.0000	0.0002	0.0004	0.0004	0.0004	0.0005	0.0000	0.0043 (0.0001)	0.0135
底 1-7-8-2 细砂岩	0.0001	0.0008	0.0004	0.0004	0.0055	—	—	—	—

注：1. "—" 表示数值不存在；

2. 括号内数值表示的是变形突变之前的稳定蠕变速率。

当应力水平高于屈服强度时，各围岩岩样轴向应变速率曲线表现出不同的蠕变阶段。顶 2-7-8 泥岩的轴向应变速率曲线有完整的衰减阶段、稳态阶段和加速阶段；底 1-7-8-4 粉砂岩只有衰减阶段和稳态阶段，虽然在 0.4h 时蠕变速率有突变，但并没有改变曲线的走势；底 1-7-8-2 细砂岩只有稳态阶段和加速阶段，没有明显的衰减阶段。

由表 3-15 和表 3-16 可知，应力水平高于屈服阈值的稳态速率数值较大，远远大于低应力水平的稳态速率数值。如顶 2-7-8 泥岩在应力水平为 55.1MPa 时，轴向稳态速率平均值约为 3.095×10^{-5}/h，比低应力水平时的数值提高一个数量级。

高应力水平时，蠕变速率曲线加速阶段在图上表现为曲线急速上升，这个过程往往非常短暂，但一旦出现则预示着岩样的蠕变变形大幅度增加，岩样即将破坏。轴向和侧向的蠕变速率曲线的加速阶段整体上升，但均有不同程度的上下波动。如顶 2-7-8 泥岩的加速蠕变阶段只持续 0.35h，蠕变速率在大幅度增加过程中有上下波动，轴向蠕变速率最高 3.09×10^{-3}/h，最低时为 1.24×10^{-4}/h。

当应力水平高于屈服强度时，顶 2-7-8 泥岩和底 1-7-8-4 粉砂岩的侧向应变速率曲线表现完整的衰减、稳态和加速三个阶段。顶 2-7-8 泥岩侧向加速蠕变出现的时间和轴向加速蠕变的时间是一致的，而底 1-7-8-4 粉砂岩侧向加速蠕变出现的时间明显晚于轴向加速蠕变出现的时间。底 1-7-8-2 细砂岩侧向蠕变速率曲线加载初期比较平缓，没有明显的衰减阶段，只有稳态阶段和加速阶段，稳定阶段的蠕变速率约在 0.0033 附近上下浮动，蠕变约经过 1.33h 后，曲线突然上扬，蠕变速率急剧增加。

3.2.2　围岩岩样单轴流变特性试验变形特性研究

近年来岩石流变变形特性的研究已经有了一定的进展，关于软岩和硬岩的流变变形特性均取得了一些研究成果，但由于岩石流变试验设备有限，试验周期长，所以岩石变形特性的研究仍然非常有限，另外自然界的岩石成分和结构多样，受力复杂，不同工程中的岩石变形性质相差甚远，因此有必要广泛而深入地展开对具体工程中岩石变形特性的研究。本书在对朱集煤矿深井巷道泥岩、粉砂岩和细砂岩三种岩样的单轴流变轴向和侧向变形及流变速率规律进行了初步研究，获得了三种围岩岩样的单轴流变试验曲线，基于朱集煤矿深井巷道泥岩、粉砂岩和细砂岩三种岩样单轴流变特性的基本规律，进一步探讨其流变过程中的变形特性，并为分析三轴流变试验中围压对变形的影响奠定基础。

单轴流变试验中，围岩岩样的应力—应变曲线分别如图 3-31~图 3-33 所示，其中与横轴平行的曲线段对应的变形为流变变形，倾斜的曲线段对应的变形为瞬时变形。显然，在应力水平较低时，岩样的流变变形较小，随着高应力水平的提高，岩样蠕变变形越来越明显。在单轴应力状态下，三种围岩岩样的侧向应变普遍较小，数值上远远低于轴向应变。但是当应力超过屈服应力时，顶 2-7-8 泥岩的侧向应变大幅度增加，甚至超过轴向应变。最终发生蠕变破坏时，泥岩的侧向应变远远大于粉砂岩和细砂岩的侧向应变。

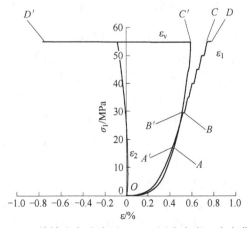

图 3-31　单轴流变试验顶 2-7-8 泥岩应力—应变曲线

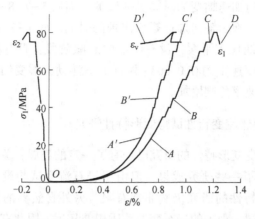

图 3-32　单轴流变试验底 1-7-8-4 粉砂岩应力—应变曲线

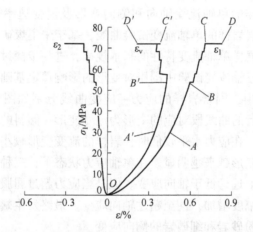

图 3-33　单轴流变试验底 1-7-8-2 细砂岩应力—应变曲线

　　根据图中曲线特征，应力—应变曲线可以划分为以下四个阶段：

　　裂隙压密阶段：指的是轴向应力—应变曲线的上凹段，即 OA 段。由于岩石在漫长的形成过程中经历了复杂的地质作用以及外部自然环境和人类活动的影响，岩石材料内部存在位错、节理、裂纹、孔隙等原始缺陷，所以在受力初期岩样变形较快，形成应力—应变曲线的上凹段。原始缺陷越多，上凹段越明显。不同的岩样，其原始缺陷存在很大差异。一般如花岗岩、大理岩等坚硬致密的硬岩，原始缺陷少，裂隙压密阶段不明显，应力—应变曲线基本为直线。而如泥岩、粉砂岩等软岩以及长期处在高地应力环境中的岩石，原始缺陷较多，所以存在较为明显的裂隙压密阶段，在加载初期，轴向应力—应变曲线成明显的上凹段。朱集煤矿深井巷道围岩长期处在约 25MPa 的地应力中，因此取出的岩样呈现软岩的变形特点，三种岩样的轴向应力—应变曲线均表现出显著地上凹，裂隙压密阶段明显。对应的应力—体积应变曲线也呈现出明显的上凹，岩样体积压缩速率逐渐增大，如图 3-31~图 3-33OA'曲线段所示。

弹性变形阶段：即曲线上的 AB 段。由于应力水平较低，岩样内部没有新的损伤或裂隙出现，荷载作用下岩石发生弹性变形，应力—应变曲线成直线。由 3.2.1.1 中的分析可知，若不考虑蠕变，各岩样的应力和应变的关系基本是线性的，应力—应变曲线基本是倾斜程度一致的直线。考虑蠕变后，应力水平越低，应力—应变曲线偏离直线越少，如图 3-31 和图 3-33 泥岩和细砂岩的应力应变曲线所示，或者基本没有偏离，如图 3-32 粉砂岩的应力应变曲线所示；应力水平越高，偏离越明显。因此，低应力水平下，岩样的蠕变作用可以视为无损伤发展或微裂纹出现，仅发生线弹性变形。本阶段应力—体积应变曲线基本成直线，如图 3-31~图 3-33A'B'曲线段所示，岩样体积保持稳定减小。

塑性变形阶段：即曲线上的 BC 段。本阶段，岩样在荷载的作用下开始出现新的损伤，微裂纹出现并随时间的增长而不断发展，在宏观上表现为非线性变形，应力—应变曲线偏离直线。此阶段的变形主要是因为受到蠕变效应的长期积累作用。在较高应力水平时，岩样内部微小裂纹随时间增长而不断出现，并逐渐延伸、汇集成细观主裂面，使得承载结构逐渐弱化，材料黏性变形和塑性变形增加，导致曲线逐渐偏向应变轴。本阶段应力—体积应变曲线偏离直线，如图 3-31~图 3-33B'C'曲线段所示，顶 2-7-8 泥岩和底 1-7-8-2 细砂岩岩样体积压缩速率放缓，而底 1-7-8-4 粉砂岩的体积开始由压缩向膨胀转化。

宏观破裂：即轴向应力—应变曲线上的 CD 段。此阶段岩样中裂隙的继续扩展并逐渐连通汇合，从而形成宏观裂纹，这些宏观裂纹不断向上下端面延伸，将岩样沿纵向分割，直至试样破裂。应力应变曲线几乎与应变轴平行，说明应力变化较小或不变，而变形迅速增加。本阶段应力—体积应变曲线变化迅速，几乎和横轴平行，如图 3-31~图 3-33C'D'曲线段所示，说明岩样体积变化较大。三种围岩岩样中泥岩在破坏阶段体积应变由正值变为零再发展到负值，表现为明显的体积扩容。因本次试验只研究应力应变曲线下降之前的阶段，所以粉砂岩和细砂岩在破坏阶段的体积应变尚未表现出负值，体积应变曲线出现明显的转折，在应力不变的情况下体积应变开始由正值逐渐减小。

3.2.3 单轴流变特性试验试件破坏形式

单轴流变试验中，顶 2-7-8 泥岩、底 1-7-8-4 粉砂岩和底 1-7-8-2 细砂岩的破坏形式如图 3-34 所示。三种围岩岩样的宏观裂缝均平行于岩样纵轴，整体属于脆性张拉破坏。其中，顶 2-7-8 泥岩和底 1-7-8-4 粉砂岩岩样的宏观裂纹基本贯穿上下底面，表面有较大碎块剥落。顶 2-7-8 泥岩下底面处有一处局部剪切破坏面，主要是因为加载板和试件底面间的摩擦力使岩样两端面附近处于三向受力状态所致。底1-7-8-2细砂岩宏观裂纹从岩样上端面往下延伸至岩样中部，裂纹开展不彻底，岩样表面有较小碎块剥落。

(a)   (b)   (c)

图3-34 单轴流变试验围岩岩样破坏形态

（a）顶2-7-8泥岩；（b）底1-7-8-4粉砂岩；（c）底1-7-8-2细砂岩

和单轴常规压缩试验中的试件破坏形态比较可知，单轴流变试验中的岩样在破坏时裂缝开展更显著，裂缝长度远远大于单轴常规压缩破坏时的数值，说明岩样破坏更彻底。

在常规单轴压缩试验中，轴向荷载在很短的时间内连续施加到岩样上，岩样的破坏过程短暂，内部的损伤和微裂纹来不及扩展，所以岩样破坏时宏观裂纹短而少，破坏程度低，破坏后一般仍然能保持比较完整的形态。在单轴流变试验中，荷载逐级加载，每级荷载均持续较长时间，使得损伤和微裂纹有充分的时间产生和扩展，所以破坏时岩样的宏观裂纹长且多，岩样破坏程度大，破坏后有较大的碎块剥落，岩样一般不能保持完整的形态。

3.3 三轴流变特性试验

3.3.1 试验仪器和试样准备

三轴流变试验仪器采用TAW-2000M岩石多功能试验机，具体装置和参数见第3.1节。

三轴流变试验选取泥岩、粉砂岩、细砂岩岩样各1个，试样具体情况见表3-17，试样照片如图3-35所示。

表3-17 三轴流变试验围岩岩样基本信息

试件编号	岩性	取样位置	取样深度/m	质量/g	试样平均尺寸/mm	试样密度/kg·m⁻³
顶1-3-4	泥岩	顶板	3~4	757.48	φ57.61×109.52	2654.59

试件编号	岩性	取样位置	取样深度/m	质量/g	试样平均尺寸/mm	试样密度/kg·m⁻³
顶 2-7.8-8.1	粉砂岩	顶板	7.8~8.1	724.74	φ56.42×107.85	2689.21
顶 2-3-4-4	细砂岩	顶板	3~4	760.67	φ56.78×110.76	2713.64

(a)　　　　　　　　　(b)　　　　　　　　　(c)

图 3-35　三轴流变试验围岩岩样

(a) 顶 1-3-4 泥岩；(b) 顶 2-7.8-8.1 粉砂岩；(c) 顶 2-3-4-4 细砂岩

3.3.2　试验方法和步骤

围岩取样位置约在朱集巷道一千米深处，地应力约为 25MPa，为模拟围岩的实际受力情况，拟定三轴流变试验中围压均为 25MPa。三轴流变试验采用梯级加载方式，各级加载下的偏差应力见表 3-18。

表 3-18　三轴流变试验梯级加载应力水平　　　　　　　　　　（MPa）

荷载等级	一级	二级	三级	四级	五级	六级
顶 1-3-4m 泥岩	57.5	65.2	79.9	—	—	—
顶 2-7.8-8.1 粉砂岩	80.0	100.0	120.0	—	—	—
顶 2-3-4-4 细砂岩	104.9	114.8	125.1	135.0	144.9	155.2

注："—"表示此级应力水平不存在。

将备好的岩样用橡皮膜包好，放入三轴压力室中，调整好试样的中心位置，避免岩样偏心受压；通过伺服系统按 0.01MPa/s 的加载速率施加围压至设定的压力值，使岩样在静水压力下固结变形，固结时间为 24h，之后保持围压不变，按照单轴流变试验步骤进行竖向加载。

3.4　围岩岩样三轴流变特性试验结果与分析

本节基于岩石 TAW-2000M 多功能试验机上得到的三轴流变试验曲线，分析三种围岩岩样不同应力水平下的轴向应变和侧向应变随时间变化的规律，轴向流变速率和侧向流变速率随时间变化的规律，应力应变曲线的特点，以及岩样破坏形式。

3.4.1　围岩岩样三轴流变特性试验轴向和侧向流变规律研究

3.4.1.1　围岩岩样三轴流变特性试验轴向流变规律

A　围岩岩样三轴流变试验轴向全过程应变曲线

图 3-36~图 3-38 所示为顶 1-3-4 泥岩、顶 2-7.8-8.1 粉砂岩和顶 2-3-4-4 细砂岩围岩岩样的三轴流变试验轴向应变全过程曲线。三种岩样三向应力状态下产生流变，其轴向全过程应变曲线有如下共同特征：

（1）围岩岩样轴向全过程应变曲线呈阶梯形，说明岩样轴向变形由轴向瞬时变形和轴向蠕变变形两部分组成，其中近乎和横轴平行的是蠕变变形，其余为瞬时变形。当荷载作用在岩样上的瞬间即产生轴向瞬时弹性变形，且轴向瞬时应变值的大小与加载应力水平直接相关。以图 3-36 所示的顶 1-3-4 泥岩为例，第一级荷载（偏差应力为 57.5MPa）产生的瞬时轴向应变为 0.225%，第三级荷载（偏差应力为 79.9MPa）产生的瞬时轴向应变为 0.297%。由此可知，应力水平越高瞬时轴向应变越大，岩样瞬时轴向压缩越明显。当荷载持续作用时，岩样变形会随时间的增长而增长，即产生蠕变。

（2）当作用在试件上的应力水平较低时，轴向应变很快由初始阶段衰减至稳定蠕变，蠕变曲线随着时间的增加逐渐变得平缓，趋于某一稳定值。以顶 2-3-4-4 细砂岩为例，在前五级荷载作用下，蠕变曲线均趋于平缓，时间越长这种趋势越明显。

（3）当作用在岩样上的应力水平超过屈服阈值时，应变曲线在经过一定时间的衰减蠕变阶段或等速蠕变阶段后陡然上扬，呈现出加速蠕变阶段，岩样在较短的时间内达到极限应变值而发生破坏。顶 1-3-4 泥岩在应力水平为 55.1MPa 时，应变曲线只有等速蠕变阶段而没有明显的衰减阶段，等速蠕变阶段持续约 1h 后进入加速蠕变阶段，约 3min 后试件破坏。顶 2-7.8-8.1 粉砂岩在应力水平为 120.0MPa 时，应变曲线经历了约 13h 的衰减阶段蠕变阶段和等速蠕变阶段后进入加速蠕变阶段，约 36min 后试件破坏。顶 2-3-4-4 细砂岩在应力水平为 155.2MPa 时，应变曲线经历了约 12h 的衰减阶段蠕变阶段和等速蠕变阶段后进入加速蠕变阶段，约 43min 后试件破坏。顶 2-7.8-8.1 粉砂岩和顶 2-3-4-4 细砂岩表现出完整的三阶段蠕变特征，而顶 1-3-4 泥岩则只有稳定蠕变阶段和加速蠕变阶段。

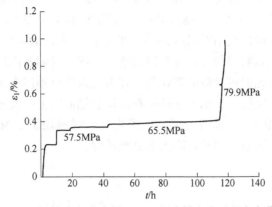

图 3-36 三轴流变试验顶 1-3-4 泥岩轴向全过程应变曲线

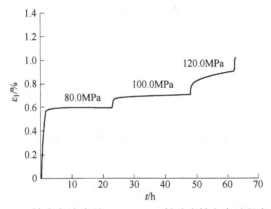

图 3-37 三轴流变试验顶 2-7.8-8.1 粉砂岩轴向全过程应变曲线

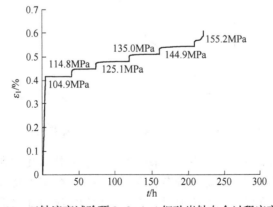

图 3-38 三轴流变试验顶 2-3-4-4 细砂岩轴向全过程应变曲线

B　围岩岩样三轴流变试验瞬时加载轴向应力—应变曲线

顶1-3-4泥岩、顶2-7.8-8.1粉砂岩和顶2-3-4-4细砂岩在25MPa围压下的三轴流变试验各级荷载的瞬时应力—应变关系如图3-39~图3-41所示。三种岩石第一级荷载加载初期曲线均有不同程度的上凹，说明各围岩岩样中存在原始的张开性结构面、孔洞或微裂隙等缺陷。和围岩岩样单轴流变试验瞬时加载轴向应力—应变曲线相比较，三轴流变试验瞬时加载轴向应力—应变曲线的上凹程度明显降低，主要原因是三轴流变试验中预先对岩样施加了25MPa的围压，在围压作用下，岩样被压缩，内部缺陷大部分被消除。

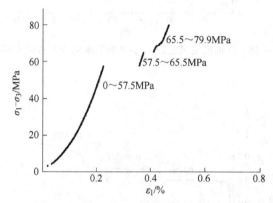

图3-39　三轴流变试验顶1-3-4泥岩瞬时加载轴向应力应变曲线

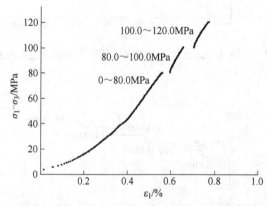

图3-40　三轴流变试验顶2-7.8-8.1粉砂岩瞬时加载轴向应力应变曲线

在常规三轴压缩试验中，由于加载一次完成，岩样从受力到破坏的试件非常短暂，岩样内部的缺陷、裂隙的分布和变形的不均匀性来不及调整，造成应力的分布不均匀，尤其在应力接近峰值时，应力不均匀情况更加严重，使应力应变曲线明显弯向应变轴，岩样抵抗变形的能力显著降低，变形模量减小。而在三轴流变试验中，从第二级荷载开始时，每次加载的曲线基本呈直线，应力应变基本呈

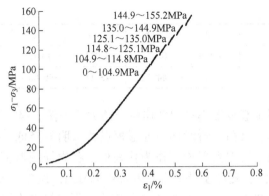

图 3-41 三轴流变试验顶 2-3-4-4 细砂岩瞬时加载轴向应力应变曲线

线性关系，一直到加载完成，曲线整体没有明显弯向应变轴，说明岩样抵抗瞬时变形的能力没有明显降低，其原因是流变试验相对于常规瞬时压缩试验，荷载由小到大逐级施加，每级荷载作用时间长，岩样内部的缺陷、裂隙的分布和变形的不均匀性有足够的时间进行调整，使得应力均匀分布。

三轴流变试验各围岩岩样在各级荷载瞬时加载变形模量见表 3-19 ~ 表 3-21，三种围岩岩样的各级荷载的曲线取近似直线段。

表 3-19 三轴流变试验顶 1-3-4 泥岩瞬时加载变形模量

荷载等级	一级	二级	三级
偏差应力平均值/MPa	48.41	61.18	75.76
应力增量/MPa	17.81	7.11	8.29
应变增量/%	0.042	0.016	0.018
变形模量 E/GPa	42.41	44.44	44.96

表 3-20 三轴流变试验顶 2-7.8-8.1 粉砂岩瞬时加载变形模量

荷载等级	一级	二级	三级
偏差应力平均值/MPa	68.20	90.04	110.04
应力增量/MPa	22.84	20.0	20.00
应变增量/%	0.097	0.061	0.074
变形模量 E/GPa	23.55	32.82	27.05

表 3-21 三轴流变试验顶 2-3-4-4 细砂岩瞬时加载变形模量

荷载等级	一级	二级	三级	四级	五级	六级
偏差应力平均值/MPa	72.48	109.86	119.96	130.05	139.94	150.04
应力增量/MPa	64.85	9.91	10.29	9.89	9.89	10.30

荷载等级	一级	二级	三级	四级	五级	六级
应变增量/%	0.179	0.022	0.023	0.022	0.021	0.021
变形模量 E/GPa	36.23	44.52	45.11	46.00	47.87	48.85

各级荷载瞬时加载变形模量和平均应力的关系如图 3-42 所示。在平均应力增大时，各岩样的各级荷载瞬时加载变形模量并未明显降低，并且离散性很小，基本可以视为常数，可取其平均值作为代表值。各岩样变形模量平均值见表 3-22。顶 1-9-10.5 泥岩变形模量平均值为 439.33MPa，顶 2-7.8-8.1 粉砂岩变形模量平均值为 278.07MPa，顶 2-3-4-4 细砂岩变形模量平均值为 447.63MPa。

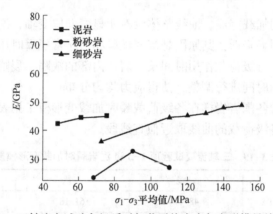

图 3-42   三轴流变试验各级瞬时加载平均应力与变形模量关系曲线

表 3-22   流变试验各岩样变形模量平均值   （GPa）

岩 样	顶 1-3-4 泥岩	顶 2-7.8-8.1 粉砂岩	顶 2-3-4-4 细砂岩
变形模量平均值	43.93	27.81	44.76

和单轴压缩流变试验相比较，泥岩、粉砂岩和细砂岩三轴压缩流变试验条件变形模量平均值显著提高，其中泥岩约提高了 1.5 倍，粉砂岩提高了 0.4 倍，细砂岩提高了 0.6 倍。

C   围岩岩样三轴流变试验轴向蠕变曲线

围岩岩样的三轴流变试验轴向蠕变曲线如图 3-43~图 3-45 所示，轴向蠕变试验结果见表 3-23~表 3-25。随着时间的增长，围岩岩样均产生不同程度的蠕变现象，蠕变变形量逐渐增大。在最后一级荷载时，围岩岩样轴向蠕变应变量快速增加，在一定时间后，岩样进入加速蠕变阶段而发生破坏。当应力水平比较低时，围岩岩样的蠕变变形一般不明显，蠕变曲线初期表现为衰减蠕变，随后进入比较长的稳态蠕变阶段，蠕变曲线总体趋于稳定。

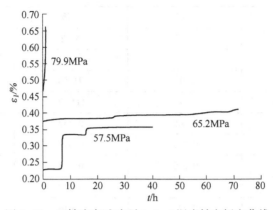

图 3-43　三轴流变试验顶 1-3-4 泥岩轴向蠕变曲线

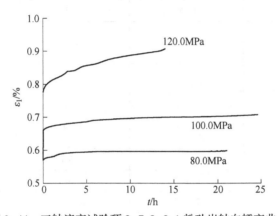

图 3-44　三轴流变试验顶 2-7.8-8.1 粉砂岩轴向蠕变曲线

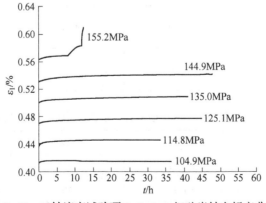

图 3-45　三轴流变试验顶 2-3-4-4 细砂岩轴向蠕变曲线

表 3-23　顶 1-3-4 泥岩三轴流变试验轴向应变结果

荷载等级	一级	二级	三级
应力水平/MPa	57.5	65.2	79.9
应力增量/MPa	57.5	7.7	14.7
蠕变时间/h	40	71.56	1.07
累计蠕变时间/h	40	111.56	112.63
初始瞬时应变/%	0.000	0.357	0.410
末尾瞬时应变/%	0.225	0.373	0.466
初始蠕变应变/%	0.225	0.373	0.466
末尾蠕变应变/%	0.357	0.410	0.662
瞬时应变增量/%	0.225	0.016	0.056
蠕变应变增量/%	0.132	0.037	0.196
总应变增量/%	0.357	0.053	0.252
瞬时应变增量/ 总应变增量/%	63.00	29.90	22.21
蠕变应变增量/ 总应变增量/%	37.00	70.10	77.79
蠕变应变增量/ 瞬时应变增量	0.59	2.34	3.50
累计瞬时应变/%	0.225	0.241	0.297
累计蠕变应变/%	0.132	0.169	0.365
累计总应变/%	0.357	0.410	0.662
累计瞬时应变/ 累计总应变/%	63.00	58.72	44.83
累计蠕变应变/ 累计总应变/%	37.00	41.28	55.17
累计蠕变应变/ 累计瞬时应变	0.59	0.70	1.23

表 3-24　顶 2-7.8-8.1 粉砂岩三轴流变试验轴向应变结果

荷载等级	一级	二级	三级
应力水平/MPa	80.04	100.04	120.04
应力增量/MPa	80.04	20	20
蠕变时间/h	21.14	24.66	14.23

荷载等级	一级	二级	三级
累计蠕变时间/h	21.14	45.8	60.03
初始瞬时应变/%	0.000	0.598	0.707
末尾瞬时应变/%	0.572	0.659	0.776
初始蠕变应变/%	0.572	0.660	0.774
末尾蠕变应变/%	0.597	0.707	1.020
瞬时应变增量/%	0.572	0.061	0.069
蠕变应变增量/%	0.026	0.048	0.245
总应变增量/%	0.597	0.109	0.314
瞬时应变增量/ 总应变增量/%	95.71	55.87	22.03
蠕变应变增量/ 总应变增量/%	4.29	44.13	77.97
蠕变应变增量/ 瞬时应变增量	0.04	0.79	3.54
累计瞬时应变/%	0.572	0.633	0.702
累计蠕变应变/%	0.026	0.074	0.318
累计总应变/%	0.597	0.707	1.020
累计瞬时应变/ 累计总应变/%	95.71	89.54	68.79
累计蠕变应变/ 累计总应变/%	4.29	10.46	31.21
累计蠕变应变/ 累计瞬时应变	0.04	0.12	0.45

表 3-25　顶 2-3-4-4 细砂岩三轴流变试验轴向应变结果

荷载等级	一级	二级	三级	四级	五级	六级
应力水平/MPa	104.9	114.8	125.1	135.0	144.9	155.2
应力增量/MPa	104.91	9.9	10.3	9.89	9.89	10.3
蠕变时间/h	36.29	33.33	44.81	41.02	47.97	12.36
累计蠕变时间/h	36.29	69.62	114.43	155.45	203.42	215.78
初始瞬时应变/%	0.000	0.414	0.446	0.478	0.509	0.542
末尾瞬时应变/%	0.412	0.437	0.469	0.499	0.529	0.562
初始蠕变应变/%	0.412	0.437	0.469	0.500	0.530	0.563

荷载等级	一级	二级	三级	四级	五级	六级
末尾蠕变应变/%	0.414	0.446	0.478	0.509	0.541	0.609
瞬时应变增量/%	0.412	0.022	0.023	0.022	0.021	0.021
蠕变应变增量/%	0.003	0.010	0.009	0.009	0.012	0.047
总应变增量/%	0.414	0.032	0.032	0.031	0.033	0.068
瞬时应变增量/ 总应变增量/%	99.33	69.99	72.17	69.37	63.53	31.01
蠕变应变增量/ 总应变增量/%	0.67	30.01	27.83	30.63	36.47	68.99
蠕变应变增量/ 瞬时应变增量	0.01	0.43	0.39	0.44	0.57	2.22
累计瞬时应变/%	0.412	0.434	0.457	0.478	0.499	0.520
累计蠕变应变/%	0.003	0.012	0.021	0.031	0.042	0.089
累计总应变/%	0.414	0.446	0.478	0.509	0.541	0.609
累计瞬时应变/ 累计总应变/%	99.33	97.24	95.58	93.98	92.15	85.33
累计蠕变应变/ 累计总应变/%	0.67	2.76	4.42	6.02	7.85	14.67
累计蠕变应变/ 累计瞬时应变	0.01	0.03	0.05	0.06	0.09	0.17

以顶 2-3-4-4 细砂岩为例，应力水平低于 144.9MPa 时，各级荷载下的轴向蠕变曲线均趋于平缓，经过 203.42h，累计轴向蠕变量只有 0.042%；在 155.2MPa 应力水平时，岩样进入加速流变阶段，蠕变变形呈现出非线性增加的趋势，岩样在恒定荷载条件下经过 12.36h 轴向蠕变量增加了 0.047%，轴向蠕变增加量大于前四级荷载产生的轴向蠕变量的总和，此时累计轴向应变达到 0.089%，岩样最终发生蠕变破坏。

应力水平 155.2MPa 时，顶 2-3-4-4 细砂岩岩样表现出典型的蠕变三个阶段。初期衰减蠕变阶段持续约 1.1h，约占本级荷载蠕变总时间的 8.13%，衰减蠕变阶段轴向应变增量约为 0.003%，约本级荷载轴向蠕变应变增量的 6.58%；岩样稳态蠕变段持续约 10.6h，约占本级荷载蠕变总时间的 86.18%，稳态蠕变阶段轴向应变增量为 0.017%，约本级荷载轴向蠕变应变增量的 37.30%；岩样加速蠕变的时间约为 0.7h，约占本级荷载蠕变总时间的 5.69%，加速蠕变阶段轴向应变增量为 0.026%，约占本级荷载轴向蠕变应变增量的 56.13%。由以上分析可知，在蠕变的三个阶段中，加速蠕变阶段持续的时间最短而产生的变形最大。

顶1-3-4泥岩岩样在第一级荷载作用下，即轴向应力水平为57.5MPa时，轴向蠕变曲线在6.59h和15.82h时有跳跃，轴向应变突然增加，蠕变曲线近乎和应变轴平行，约在7.41h和16.17h时曲线恢复正常，继续保持平缓的发展趋势，侧向应变继续稳定增长，两次突变经历的时间分别约为0.82h和0.35h。对应的侧向蠕变曲线在同一时刻亦有明显跳跃，而轴向应力并未出现降低现象，说明岩样仍然能继续承受荷载，并未发生整体破坏。应变突然增大的现象应该与岩石材料自身的特性有关。岩石材料是一种各向异性、非均质的力学介质，在受到外界长期持续的荷载作用之后内部的应力状态不断地调整因而能承受较大的应力水平，而随着时间的增长内部结构也会逐渐发生损伤，当这种细微损伤在长期恒载作用下累积到一定程度时，材料局部强度较低的地方就会先达到屈服而发生局部破裂，即在蠕变曲线上体现出一个瞬时的突变。局部破裂以后，围压的存在一定程度上抑制了局部变形的发展，内部矿物组构重新调整，应力重新分布，使得低应力水平下的这种局部开裂未引起岩样的整体破坏。

随着荷载等级的提高，三种围岩岩样各级荷载下的轴向蠕变应变增量所占轴向总应变增量的百分比均随荷载等级的提高有明显增大趋势，如图3-46~图3-48所示。以顶2-3-4-4细砂岩为例，第一级荷载作用下，岩样的轴向蠕变增量仅占轴向总应变增量的0.67%，第二级荷载时提高到30.01%，第三级荷载时此比例降低为27.83%，但并未改变其变化趋势，到第四级荷载时此比例为30.63%，第五级荷载时继续增大为36.47%，第六级荷载时则达到68.99%。

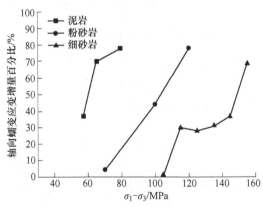

图3-46　三轴流变试验轴向蠕变应变增量百分比与偏差应力关系

各级荷载产生的瞬时轴向应变增量在总轴向应变增量中的比例越来越小。在低应力水平时，瞬时应变增量远远大于蠕变应变增量，轴向应变增量以瞬时应变增量为主；而在应力水平较高时，蠕变应变增量将超过瞬时应变增量，轴向应变增量以蠕变应变增量为主。在第一级荷载时，顶1-3-4泥岩、顶2-7.8-8.1粉

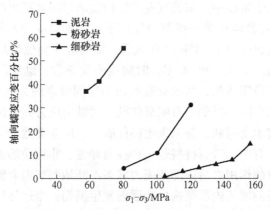

图 3-47 三轴流变试验累计轴向蠕变应变百分比与应力关系

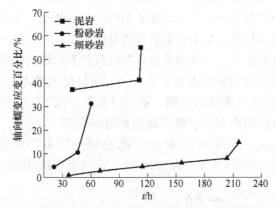

图 3-48 三轴流变试验累计轴向蠕变应变百分比与时间关系

砂岩和顶 2-3-4-4 细砂岩轴向蠕变增量分别为瞬时应变增量的 0.59 倍、0.04 倍和 0.67 倍。随着荷载的增大，轴向蠕变应变增量与轴向瞬时应变增量的比值逐渐增大，最后一级荷载时，轴向蠕变应变增量分别为轴向瞬时应变增量的 3.50、3.54 和 2.22 倍。

顶 1-3-4 泥岩、顶 2-7.8-8.1 粉砂岩和顶 2-3-4-4 细砂岩的累计轴向蠕变应变量随着荷载的增大和时间的增长而增大，累计轴向蠕变应变量在累计轴向总应变中的百分比亦随着荷载的增大和时间的增长而增大，如图 3-47 和图 3-48 所示。以顶 2-3-4-4 细砂岩为例，在应力水平为 104.9MPa、114.8MPa、125.1MPa、135.0MPa、144.9MPa 和 155.2MPa 时，对应的累计蠕变时间为 36.29h、69.62h、114.43h、155.45h、203.42h 和 215.78h，累计轴向蠕变应变量在累计轴向总应变中的百分比分别为 0.67%、2.76%、4.42%、6.02%、7.85% 和 14.67%，百分比数值逐渐增大。

岩样破坏时，顶 1-3-4 泥岩、顶 2-7.8-8.1 粉砂岩和顶 2-3-4-4 细砂岩围岩岩样的累计轴向总应变分别为 0.662%、1.020% 和 0.609%，其中累计轴向瞬时应变分别为 0.297%、0.702% 和 0.520%，累计轴向蠕变应变分别为 0.365%、0.318% 和 0.089%。累计轴向瞬时应变分别占累计轴向总应变的 44.83%、68.79% 和 85.33%，累计轴向蠕变应变分别占累计轴向总应变的 55.17%、31.21% 和 14.67%，累计轴向蠕变应变与累计轴向瞬时应变的比值分别为 1.23、0.45 和 0.17。由以上分析可知，岩样的轴向变形一般以瞬时变形为主，因岩样蠕变所产生的轴向应变数值在岩样变形中所占百分比往往较小，但在很大程度上促进了材料内部损伤和裂缝的发展，最终导致了材料承载力的降低和破坏的提前发生。

　　三种围岩岩样发生破坏时的累计轴向应变的对比分析见表 3-26。泥岩、粉砂岩和细砂岩的累计轴向蠕变应变分别为 0.365%、0.318%、0.089%，显然泥岩的轴向蠕变量大于粉砂岩和细砂岩。顶 1-3-4 泥岩的累计轴向瞬时应变占累计轴向总应变的 44.83%，粉砂岩的累计轴向瞬时应变占总应变的 68.79%，细砂岩的累计轴向瞬时应变占总应变的 85.33%，三种岩样中细砂岩和粉砂岩的轴向变形以瞬时变形为主。顶 1-3-4 泥岩的累计轴向蠕变应变占累计轴向总应变的 55.17%，粉砂岩的累计轴向蠕变应变占总应变的 31.21%，细砂岩的累计轴向蠕变应变仅占总应变的 14.67%，泥岩的轴向蠕变所占比例明显大于粉砂岩和细砂岩。由以上分析可知，围岩岩样中的泥岩的轴向蠕变性质最明显，粉砂岩次之，细砂岩最小。

表 3-26　围岩岩样三轴流变试验轴向应变比较

岩　样	顶 1-3-4 泥岩	顶 2-7.8-8.1 粉砂岩	顶 2-3-4-4 细砂岩
累计轴向瞬时应变/%	0.297	0.702	0.520
累计轴向蠕变应变/%	0.365	0.318	0.089
累计轴向总应变/%	0.662	1.020	0.609
累计轴向瞬时应变/ 累计轴向总应变/%	44.83	68.79	85.33
累计轴向蠕变应变/ 累计轴向总应变/%	55.17	31.21	14.67

　　泥岩、粉砂岩和细砂岩围岩岩样在单轴常规压缩、三轴常规压缩、单轴压缩流变和三轴压缩流变等试验条件下破坏时的轴向应变见表 3-27，其中常规试验数值取平均值。为和三轴流变试验的 25MPa 围压条件进行对比，给出了常规三轴压缩试验中围压为 25MPa 的轴向应变。对比分析可知，常规压缩条件下围压的存在大幅度提高了岩样的轴向变形能力，如泥岩无围压时，轴向应变为 0.705%，有围压时为 0.912%。而在流变试验中，各围岩岩样在 25MPa 的围压下

轴向应变并没有明显增大趋势，单轴流变压缩和三轴流变压缩条件下岩样破坏时的轴向应变相近，如泥岩在无围压时，轴向应变为 0.781%，有围压时为 0.662%。除粉砂岩在单轴流变条件下破坏时的轴向应变比其他条件下轴向应变增大较多外，其余岩样在流变条件下的轴向应变数值和常规条件下的数值相差不多，无明显增大或减小趋势。由此说明，岩样破坏时的轴向应变是一定的，即各种加载条件下只要轴向应变达到某一数值岩样就会产生破坏。

表 3-27　围岩岩样不同试验条件下的轴向应变　　　　　　（%）

试验类型	单轴常规压缩试验	三轴常规压缩试验	单轴流变试验	三轴流变试验
泥岩	0.705	0.912（0.956）	0.781	0.662
粉砂岩	0.589	0.854（1.078）	1.21	1.020
细砂岩	0.573	0.802（0.939）	0.829	0.609

注：括号中的数值为 25MPa 围压条件下的轴向应变。

3.4.1.2　围岩岩样三轴流变特性试验侧向流变规律

A　围岩岩样三轴流变试验侧向全过程应变曲线

图 3-49~图 3-51 所示为顶 1-3-4 泥岩、顶 2-7.8-8.1 粉砂岩和顶 2-3-4-4 细砂岩围岩岩样的三轴流变试验侧向全过程应变曲线，侧向应变以向外侧膨胀为正值。岩样侧向全过程应变曲线虽然比轴向全过程蠕变曲线更加复杂，但二者具有类似的特点：侧向变形由瞬时变形和蠕变变形两部分组成，曲线呈阶梯形，当荷载作用在岩样上的瞬间即产生瞬时弹性变形，且瞬时应变值的大小与加载应力水平直接相关。以顶 1-3-4 泥岩为例，第一级荷载（偏差应力为 57.5MPa）产生的瞬时侧向应变为 0.008%，第三级荷载（偏差应力为 79.9MPa）产生的瞬时轴向应变为 0.018%。当应力水平较低时，侧向应变曲线只有初始衰减阶段和稳定蠕变阶段，当作用在试件上的应力水平超过屈服阈值时，侧向应变曲线则会加速变形阶段蠕变阶段，岩样最终破坏。此规律以顶 2-7.8-8.1 粉砂岩最为典型，在第一级荷载和第二级荷载作用下，蠕变曲线逐渐趋于平缓，在第三级荷载作用下，岩样在经历了短暂的衰减蠕变和较长时间的稳态蠕变后进入加速蠕变阶段，侧向变形迅速增加，导致岩样发生了破坏。

B　围岩岩样三轴流变试验侧向蠕变曲线

围岩岩样顶 1-3-4 泥岩、顶 2-7.8-8.1 粉砂岩和顶 2-3-4-4 细砂岩的三轴流变试验侧向蠕变曲线如图 3-52~图 3-54 所示，侧向蠕变试验结果见表 3-28~表 3-30。随着时间的增长，三种围岩岩样的蠕变变形量均逐渐增大，在最后一级荷载时，围岩岩样侧向蠕变应变量快速增加，侧向蠕变曲线上扬。当应力水平比较低时，围岩岩样的侧向蠕变变形一般不明显，侧向蠕变曲线初期表现为衰减蠕变，随后进入比较长的稳态蠕变阶段，蠕变曲线总体趋于稳定。

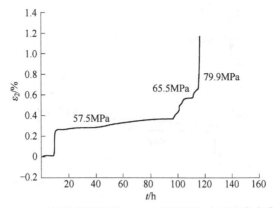

图 3-49 三轴流变试验顶 1-3-4 泥岩侧向全过程应变曲线

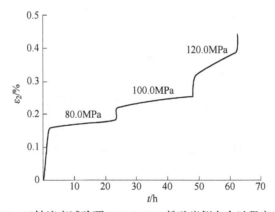

图 3-50 三轴流变试验顶 2-7.8-8.1 粉砂岩侧向全过程应变曲线

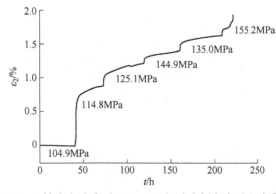

图 3-51 三轴流变试验顶 2-3-4-4 细砂岩侧向全过程应变曲线

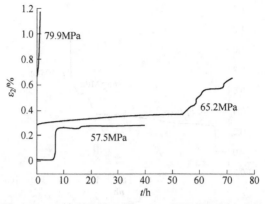

图 3-52   三轴流变试验顶 1-3-4 泥岩侧向蠕变曲线

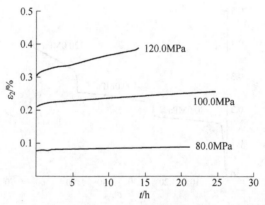

图 3-53   三轴流变试验顶 2-7.8-8.1 粉砂岩侧向蠕变曲线

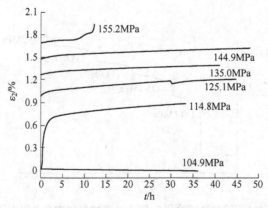

图 3-54   三轴流变试验顶 2-3-4-4 细砂岩侧向蠕变曲线

表 3-28 顶 1-3-4 泥岩三轴流变试验侧向蠕变结果

荷载等级	一级	二级	三级
应力水平/MPa	57.5	65.2	79.9
应力增量/MPa	57.5	7.7	14.7
蠕变时间/h	40	71.56	1.07
累计蠕变时间/h	40	111.56	112.63
初始瞬时应变/%	0.000	0.281	0.650
末尾瞬时应变/%	0.008	0.282	0.659
初始蠕变应变/%	0.008	0.282	0.659
末尾蠕变应变/%	0.281	0.650	1.171
瞬时应变增量/%	0.008	0.001	0.009
蠕变应变增量/%	0.273	0.369	0.512
总应变增量/%	0.281	0.369	0.521
瞬时应变增量/ 总应变增量/%	2.90	0.21	1.72
蠕变应变增量/ 总应变增量/%	97.10	99.79	98.28
蠕变应变增量/ 瞬时应变增量	33.53	480.22	57.28
累计瞬时应变/%	0.008	0.009	0.018
累计蠕变应变/%	0.273	0.641	1.153
累计总应变/%	0.281	0.650	1.171
累计瞬时应变/ 累计总应变/%	2.90	1.37	1.52
累计蠕变应变/ 累计总应变/%	97.10	98.63	98.48
累计蠕变应变/ 累计瞬时应变	33.53	72.04	64.65

表 3-29 顶 2-7.8-8.1 粉砂岩三轴流变试验侧向蠕变结果

荷载等级	一级	二级	三级
应力水平/MPa	80.04	100.04	120.04
应力增量/MPa	80.04	20	20
蠕变时间/h	21.14	24.66	14.23

荷载等级	一级	二级	三级
累计蠕变时间/h	21.14	45.8	60.03
初始瞬时应变/%	0.000	0.181	0.257
末尾瞬时应变/%	0.156	0.212	0.306
初始蠕变应变/%	0.157	0.213	0.305
末尾蠕变应变/%	0.181	0.257	0.441
瞬时应变增量/%	0.156	0.031	0.049
蠕变应变增量/%	0.024	0.045	0.134
总应变增量/%	0.181	0.077	0.184
瞬时应变增量/ 总应变增量/%	86.55	40.97	26.87
蠕变应变增量/ 总应变增量/%	13.45	59.03	73.13
蠕变应变增量/ 瞬时应变增量	0.16	1.44	2.72
累计瞬时应变/%	0.156	0.188	0.237
累计蠕变应变/%	0.024	0.069	0.204
累计总应变/%	0.181	0.257	0.441
累计瞬时应变/ 累计总应变/%	86.55	72.98	53.76
累计蠕变应变/ 累计总应变/%	13.45	27.02	46.24
累计蠕变应变/ 累计瞬时应变	0.16	0.37	0.86

表 3-30 顶 2-3-4-4 细砂岩三轴流变试验侧向蠕变结果

荷载等级	一级	二级	三级	四级	五级	六级
应力水平/MPa	104.9	114.8	125.1	135.0	144.9	155.2
应力增量/MPa	104.91	9.9	10.3	9.89	9.89	10.3
蠕变时间/h	36.29	33.33	44.81	41.02	47.97	12.36
累计蠕变时间/h	36.29	69.62	114.43	155.45	203.42	215.78
初始瞬时应变/%	0.000	−0.009	0.884	1.209	1.395	1.620
末尾瞬时应变/%	0.006	−0.017	0.982	1.264	1.470	1.688
初始蠕变应变/%	0.006	−0.017	0.985	1.265	1.471	1.690

荷载等级	一级	二级	三级	四级	五级	六级
末尾蠕变应变/%	−0.009	0.883	1.209	1.394	1.620	1.934
瞬时应变增量/%	0.006	−0.008	0.099	0.056	0.075	0.069
蠕变应变增量/%	−0.015	0.900	0.227	0.130	0.150	0.245
总应变增量/%	−0.009	0.892	0.325	0.186	0.225	0.314
瞬时应变增量/ 总应变增量/%	—	—	30.32	29.94	33.38	21.84
蠕变应变增量/ 总应变增量/%	—	—	69.68	70.06	66.62	78.16
蠕变应变增量/ 瞬时应变增量	—	—	2.30	2.34	2.00	3.58
累计瞬时应变/%	0.006	−0.002	0.097	0.152	0.228	0.296
累计蠕变应变/%	−0.015	0.885	1.112	1.242	1.392	1.638
累计总应变/%	−0.009	0.883	1.209	1.394	1.620	1.934
累计瞬时应变/ 累计总应变/%	—	—	8.00	10.92	14.05	15.31
累计蠕变应变/ 累计总应变/%	—	—	92.00	89.08	85.95	84.69
累计蠕变应变/ 累计瞬时应变	—	—	11.50	8.16	6.12	5.53

注:"—"表示因数据异常而不再计算百分比或比值。

以顶 2-3-4-4 细砂岩为例,应力水平低于 144.9MPa 时,各级荷载下的轴向蠕变曲线均趋于平缓。其中第二级荷载作用下,即应力水平为 114.8MPa 时,初始蠕变曲线有突变,但曲线整体是趋于平缓的。顶 1-3-4 泥岩在第一级荷载和第二级荷载的蠕变曲线也有类似突变,但在突变后曲线又逐渐恢复稳定。

在 155.2MPa 应力水平时,侧向蠕变曲线表现出典型的蠕变三个阶段,蠕变时间持续约 12.36h,侧向蠕变应变增量为 0.244%。初期衰减蠕变阶段时间为 2.00h,侧向应变增量为 0.027%,约本级荷载轴向蠕变应变增量的 10.93%;岩样稳态蠕变段持续约 6.35h,侧向应变增量为 0.025%,约本级荷载轴向蠕变应变增量的 10.30%;岩样加速蠕变的时间持续约 4.00h,侧向应变增量为 0.192%,约占本级荷载轴向蠕变应变增量的 78.77%,占本级荷载侧向蠕变应变增量的绝大部分。

顶 1-3-4 泥岩岩样在第一级荷载作用下,即轴向应力水平为 57.5MPa 时,侧向蠕变曲线和轴向蠕变曲线在相同的时刻,即蠕变开始后的 6.59h 和 15.82h

时有跳跃，侧向应变曲线突然上扬，近乎和应变轴平行，约在 7.41h 和 16.17h 时曲线恢复正常，继续保持平缓的发展趋势。在第二级荷载作用下，轴向蠕变曲线变化较为平缓，而侧向蠕变曲线在蠕变开始后的 54.15h 时开始上扬，侧向变形速度加快，在 62.07h 时曲线趋于平缓，持续约 6.29h 后再次出现突变，直到第 70.92h 曲线重新恢复基本和横轴平行的状态，在此后的 1.47h 时间里，变形一直稳定发展。侧向蠕变曲线和轴向蠕变曲线出现跳跃的原因相同，均是强度较低或者应力集中处的局部开裂造成的。轴向应变与径向应变相联系，即两者的整体变化趋势相似。

顶 2-3-4-4 细砂岩在第一级荷载 104.9MPa 应力水平时，侧向应变由正值变为负值，表明岩样横向由向外膨胀转变为向内收缩；在第三级荷载 125.1MPa 应力水平时，横向变形在约 30h 处忽然减小。这些变化显然不符合岩石泊松比效应，其原因可能是材料内部承载结构出现弱化，逐步出现损伤，塑性变形增加，致使岩样出现局部化的非均匀变形破坏，这种非均匀变形破坏可能导致局部应力释放，从而引起岩石轴向变形随时间增加而减小的现象，或者岩石屈服破坏的非均匀局部化使岩样处于偏心受压状态而造成的[203]。尽管流变曲线存在局部的小幅波动，但对流变试验结果的分析和评价应更为关注整体趋势。这种局部破坏不会影响岩样的整体变形趋势，在经过岩石自身结构的调整后，蠕变曲线仍会恢复正常状态。

三种围岩岩样侧向变形在较低应力水平时即表现出较明显的蠕变特性，且随着荷载等级的提高，三种围岩岩样各级荷载下的侧向蠕变应变增量所占轴向总应变增量的百分比均随荷载等级的提高有增大趋势，如图 3-55 所示。以顶 2-7.8-8.1 粉砂岩的增大趋势最为显著：在第一级荷载作用下，侧向蠕变应变增量仅占侧向总应变增量的 13.45%；第二级荷载作用下，侧向蠕变应变增量占侧向总应变增量的 59.03%，第三级荷载作用下，侧向蠕变应变增量占侧向总应变增量的 73.13%。

顶 1-3-4 泥岩和顶 2-3-4-4 细砂岩岩样因在蠕变过程中出现局部的损伤或者开裂，导致侧向应变突然增加，所以两种岩样的蠕变在变形中占绝对优势，从第一级荷载一直到最后一级荷载，顶 1-3-4 泥岩侧向蠕变应变增量在侧向总应变增量中的百分比在 98% 左右，顶 2-3-4-4 细砂岩侧向蠕变应变增量在侧向总应变增量中的百分比在 72% 左右。

相应地，各级荷载产生的侧向瞬时应变增量在总侧向应变增量中的比例较小，且随荷载的增加有减小趋势。如顶 1-3-4 泥岩，在第一级荷载、第二级荷载和第三级荷载时，侧向蠕变应变增量分别是侧向瞬时应变增量的 33.53、480.22、57.28 倍，侧向瞬时应变增量在侧向总应变增量中的百分比只有 2.90%、0.21% 和 1.72%。

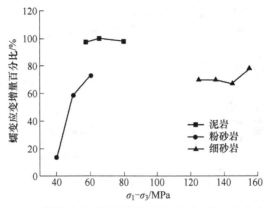

图 3-55 三轴流变试验侧向蠕变应变增量百分比与应力关系

顶 2-7.8-8.1 粉砂岩的累计轴向蠕变应变量随着荷载的增大和时间的增长而增大，累计轴向蠕变应变量在累计轴向总应变中的百分比也随着荷载的增大和时间的增长而增大，如图 3-56 和图 3-57 所示。在第一级荷载、第二级荷载和第三级荷载时，对应的累计蠕变时间为 21.14h、45.8h 和 60.03h，累计侧向蠕变应变量在累计侧向总应变中的百分比分别为 13.45%、26.93% 和 46.18%，百分比数值逐渐增大。顶 1-3-4 泥岩和顶 2-3-4-4 细砂岩累计侧向蠕变应变在累计侧向总应变中的百分比在各级荷载时分别在 98% 和 88% 左右，比值基本稳定。

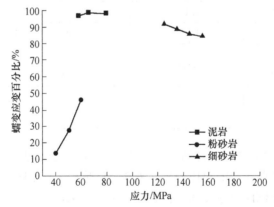

图 3-56 三轴流变试验累计侧向蠕变应变百分比与应力关系

将围岩岩样破坏时的侧向应变进行比较，见表 3-31。顶 1-3-4 泥岩、顶 2-7.8-8.1 粉砂岩和顶 2-3-4-4 细砂岩围岩岩样的累计侧向总应变分别为 1.71%、0.220% 和 1.934%。其中累计轴向瞬时应变分别为 0.018%、0.119% 和 0.296%，累计轴向蠕变应变分别为 1.153%、0.102% 和 1.638%。累计轴向瞬时应变分别占累计轴向总应变的 1.52%、53.82% 和 15.31%，累计轴向蠕变应变分别占累计

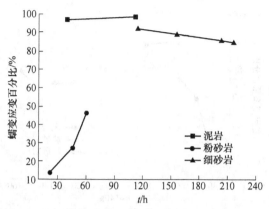

图 3-57 三轴流变试验累计侧向蠕变应变百分比与时间关系

轴向总应变的 98.48%、46.18% 和 84.69%，累计轴向蠕变应变与累计轴向瞬时应变的比值分别为 64.65、0.86 和 5.53。顶 1-3-4 泥岩和顶 2-3-4-4 细砂岩岩样的侧向变形以蠕变变形为主，顶 2-7.8-8.1 粉砂岩的侧向变形中瞬时变形和蠕变变形基本各占一半。

表 3-31 围岩岩样三轴流变试验侧向应变比较

岩　样	顶 1-3-4 泥岩	顶 2-7.8-8.1 粉砂岩	顶 2-3-4-4 细砂岩
累计侧向瞬时应变/%	0.018	0.237	0.296
累计侧向蠕变应变/%	1.153	0.204	1.638
累计侧向总应变/%	1.171	0.441	1.934
累计侧向瞬时应变/ 累计侧向总应变/%	1.52	53.76	15.31
累计侧向蠕变应变/ 累计侧向总应变/%	98.48	46.24	84.69

由以上分析可知，围岩岩样的侧向变形均基本以蠕变为主。三种围岩岩样发生破坏时的累计侧向应变的对比分析如表 3-31 所示。虽然顶 1-3-4 泥岩累计侧向蠕变应变和累计侧向总应变在三种岩样中不是最大的，但是其侧向蠕变在侧向变形中所占比率高达 98.48%，而顶 2-7.8-8.1 粉砂岩和顶 2-3-4-4 细砂岩的数值分别为 46.24% 和 84.69%，说明巷道围岩中的泥岩的侧向蠕变性质最明显，细砂岩次之，粉砂岩侧向蠕变最弱。

泥岩、粉砂岩和细砂岩围岩岩样在单轴常规压缩、三轴常规压缩、单轴压缩流变和三轴压缩流变等试验条件下破坏时的侧向应变见表 3-32，其中常规试验数值取平均值。同时，为和三轴流变试验的 25MPa 围压条件进行对比，给出了常规三轴压缩试验中围压为 25MPa 的侧向应变。

表 3-32　围岩岩样不同试验条件下的侧向应变　　　　（%）

试验类型	单轴常规 压缩试验	三轴常规 压缩试验	单轴流 变试验	三轴流 变试验
泥岩	0.107	0.562（0.478）	0.759	1.171
粉砂岩	0.109	0.331（0.531）	0.166	0.441
细砂岩	0.101	0.263（0.307）	0.308	1.934

注：括号中的数值为 25MPa 围压条件下的轴向应变。

对比分析可知，常规压缩条件下和流变压缩条件下围压的存在均大幅度提高了岩样的侧向变形，如泥岩在无围压时，侧向应变为 0.107%，有围压时为 0.562%。在流变试验中，各围岩岩样在有围压时侧向应变均明显增大。泥岩在无围压时侧向应变为 0.759%，有围压时侧向应变为 1.171%，为无围压时的 1.54 倍。粉砂岩和细砂岩有围压时的侧向应变分别为无围压时的 2.66 倍和 6.28 倍。岩样在流变条件下的侧向应变数值比常规条件下的数值增大较多。以泥岩为例，无围压流变破坏时侧向应变为 0.759%，是常规破坏时侧向应变 0.107% 的 7.09 倍；有围压流变破坏时侧向应变为 1.171%，是常规破坏时相同围压下侧向应变 0.478% 的 2.45 倍。由以上分析可知，岩石流变特性和围压在对侧向变形的影响显著，岩样破坏时的侧向变形因流变和围压而大幅度增加。

3.4.2　围岩岩样三轴流变特性试验流变速率

顶 1-3-4 泥岩、顶 2-7.8-8.1 粉砂岩和顶 2-3-4-4 细砂岩岩样轴向蠕变速率和侧向蠕变速率如图 3-58～图 3-63 所示。在较低应力水平时，三种岩样的轴向和侧向均主要表现为衰减蠕变与稳态蠕变，蠕变速率随时间的增加逐渐减小至零附近。在应力水平较高时，轴向和侧向的蠕变速率变化规律与低应力水平时类似，但稳态蠕变阶段的蠕变速率一般较低应力水平时有所提高。最后 1h 的蠕变速率较接近稳定蠕变速率的数值和变化规律，可近似代替稳定蠕变速率进行分析。三种岩样的各级荷载下的轴向和侧向稳定蠕变速率见表 3-33 和表 3-34。以顶 2-7.8-8.1 粉砂岩为例，在第一级荷载 80.0MPa 的应力水平下，轴向稳定蠕变速率为 0.0001/h，侧向稳定蠕变速率为 0.0006/h；在第二级荷载 100.0MPa 的应力水平下，稳定蠕变速率为 0.0004/h，侧向稳定蠕变速率为 0.0012/h。顶 2-3-4-4 细砂岩岩样第二级荷载至第五级荷载的侧向稳态蠕变速率较高，随荷载的增大有减小趋势，明显和其他岩样的变化规律不同，反映出岩样侧向变形的复杂性。

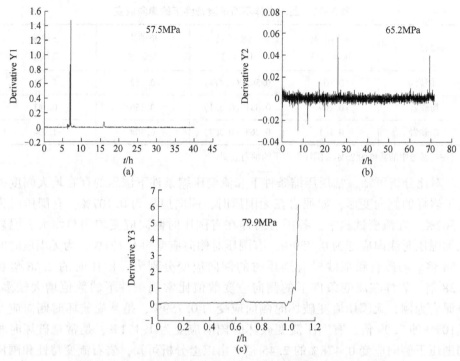

图 3-58　三轴流变试验底 1-3-4 泥岩轴向蠕变速率曲线

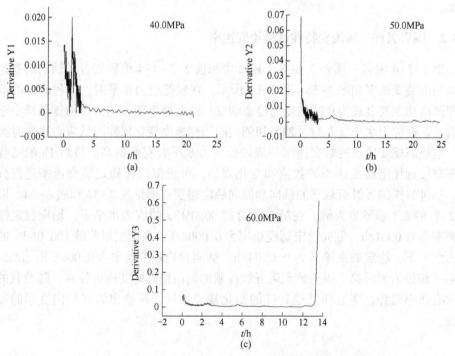

图 3-59　三轴流变试验顶 2-7.8-8.1 粉砂岩轴向蠕变速率曲线

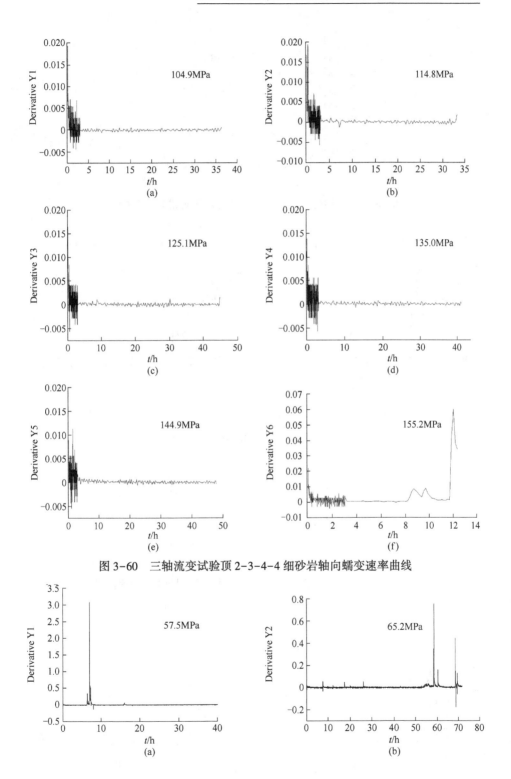

图 3-60 三轴流变试验顶 2-3-4-4 细砂岩轴向蠕变速率曲线

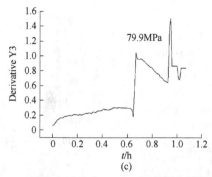

图 3-61　三轴流变试验底 1-3-4 泥岩侧向蠕变速率曲线

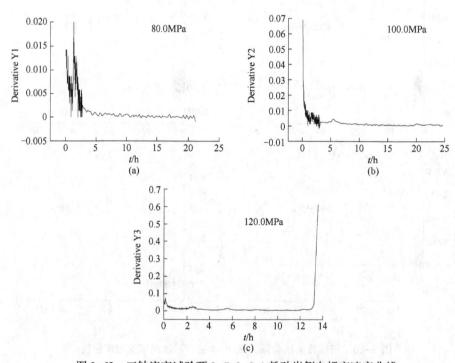

图 3-62　三轴流变试验顶 2-7.8-8.1 粉砂岩侧向蠕变速率曲线

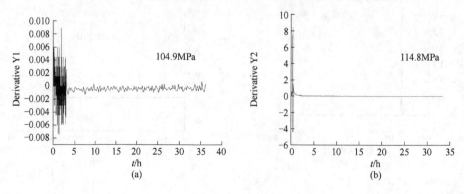

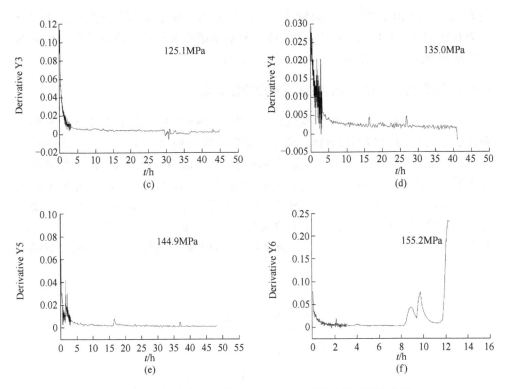

图 3-63　三轴流变试验顶 2-3-4-4 细砂岩侧向蠕变速率曲线

表 3-33　围岩岩样三轴流变试验各级荷载轴向稳定蠕变速率　（10^{-2}/h）

荷载等级	第一级	第二级	第三级	第四级	第五级	第六级
顶 1-3-4 泥岩	0.0001	0.0010	0.0103	—	—	—
顶 2-7.8-8.1 粉砂岩	0.0001	0.0004	0.0036	—	—	—
顶 2-3-4-4 细砂岩	0.0000	0.0000	0.0001	0.0001	0.0001	0.0013

注："—"表示数值不存在。

表 3-34　围岩岩样三轴流变试验各级荷载径向稳定蠕变速率　（10^{-2}/h）

荷载等级	第一级	第二级	第三级	第四级	第五级	第六级
顶 1-3-4 泥岩	0.0000	0.0108	0.0723	—	—	—
顶 2-7.8-8.1 粉砂岩	0.0006	0.0012	0.0036	—	—	—
顶 2-3-4-4 细砂岩	—	0.0028	0.0023	0.0017	0.0010	0.0096

注："—"表示数值不存在或因数据异常而不再计算。

当应力水平超过屈服阈值时，轴向蠕变速率曲线和侧向蠕变速率曲线表现为典型的三个阶段，即衰减阶段、稳态阶段和加速阶段。稳态阶段的蠕变速率远远大于屈服阈值以前的相应数值。以顶 1-3-4 泥岩为例，最后一级荷载作用下的应力水平 79.9MPa 高于屈服阈值，其轴向稳态蠕变速率和侧向稳态蠕变速率分别为 $0.0103 \times 10^{-2}/h$ 和 $0.0723 \times 10^{-2}/h$，分别是第二级荷载作用下的轴向稳态蠕变速率和侧向稳态蠕变速率的 10.3 倍和 6.7 倍。

3.4.3　围岩岩样三轴流变特性试验变形特性研究

在围压为 25MPa 的三轴流变试验中，顶 1-3-4 泥岩、顶 2-7.8-8.1 粉砂岩和顶 2-3-4-4 细砂岩围岩岩样的应力—应变曲线分别如图 3-64~图 3-66 所示，其中与横轴平行的曲线段对应的变形为蠕变变形，倾斜的曲线段对应的变形为瞬时变形。一般在应力水平较低时，岩样的流变变形较小，随着高应力水平的提高，岩样蠕变变形越来越明显，如果在蠕变过程中有局部薄弱区域而导致应变的突变，在地应力水平时也会有较大的蠕变变形，如顶 1-3-4 泥岩在 57.5MPa 的低应力水平下，因局部的破坏使得轴向应力—应变曲线有较长平行于横轴的蠕变区段。

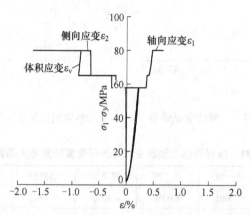

图 3-64　三轴流变试验底 1-3-4 泥岩应力—应变曲线

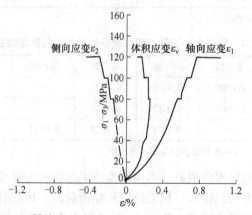

图 3-65　三轴流变试验顶 2-7.8-8.1 粉砂岩应力—应变曲线

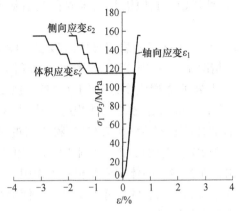

图 3-66 三轴流变试验顶 2-3-4-4 细砂岩应力—应变曲线

在围压较高的三轴应力状态下，顶 1-3-4 泥岩和顶 2-3-4-4 细砂岩岩样在低应力水平下的侧向应变极小，岩样变形主要是竖向压缩变形；当应力水平较高时，岩样侧向应变增加较快，侧向应变量明显大于轴向应变量，岩样变形以横向膨胀为主。

在高围压作用下，顶 2-7.8-8.1 粉砂岩侧向应变较小，数值上远低于轴向应变。当应力超过屈服阈值时，轴向应变和侧向应变均大幅度增加，但是和泥岩、粉砂岩不同的是其轴向应变曲线的蠕变区段明显比侧向应变曲线的蠕变区段更长，说明粉砂岩岩样的变形主要是竖向压缩，横向膨胀不明显。

在三轴流变试验中，顶 1-3-4 泥岩、顶 2-7.8-8.1 粉砂岩和顶 2-3-4-4 细砂岩围岩岩样应力—应变曲线和单轴流变应力应变曲线类似，同样可以划分为裂隙压密阶段、弹性变形阶段、塑性阶段和宏观破裂四个阶段，具体可见第 3.2.2 节。

相对于单轴流变试验的曲线，三轴流变试验曲线的上凹段的弯曲幅度有所降低，上凹趋势明显减弱。其原因是在三轴流变试验中预先施加了 25MPa 的高围压，岩样在围压作用下，内部裂纹、孔隙等原始缺陷被压密，提高了岩样对变形的抵抗能力。内部原始缺陷的消除相应延长了应力—应变曲线的弹性变形阶段，岩样低应力水平下的弹性性质更为明显。

围岩岩样裂隙扩展阶段的应力—应变曲线偏离直线，尤其是侧向应变曲线的偏离程度远远大于单轴流变试验。在裂隙扩展阶段初期，体积应变曲线弯向纵轴，顶 1-3-4 泥岩和顶 2-3-4-4 细砂岩岩样更是由正值发展为负值。体积应变为正值时，岩样处于压缩状态；体积应变为零时，岩样的体积回复到加完围压而未加偏差应力的状态；体积应变为负值时，岩样处于膨胀状态。

三轴压缩流变条件下，裂隙扩展阶段的起始应力提高。以泥岩为例，单轴状态下裂隙扩展阶段在应力达到 30.0MPa 时开始，有 25MPa 围压的三轴状态下在偏差应力达到 53.6MPa 时开始。其原因是围压的存在限制了横向变形，推迟了裂纹的出现和扩展。

顶 1-3-4 泥岩和顶 2-3-4-4 细砂岩岩样宏观破裂阶段体积应变绝对值达到最大，在应力不增加的情况下，体积应变迅速增加，岩样体积膨胀，形成宏观裂纹。破坏时，顶 1-3-4 泥岩的体积应变达到-1.681%，顶 2-7.8-8.1 粉砂岩的体积应变为 0.139%，顶 2-3-4-4 细砂岩的体积应变达到-3.258%。单轴流变试验中岩样破坏时，泥岩的体积应变为-0.736%，粉砂岩的体积应变为 0.666%，细砂岩的体积应变为 0.212%。由此可知，高围压状态下泥岩和细砂岩破坏时的体积扩容现象更加突出，而粉砂岩的体积应变相对于无围压时也更小。其原因可能是围压保证了被细观主裂面分割后的岩样的稳定性，使得微裂纹的发展进行更加充分，岩石的塑性性质更加明显。

3.4.4 围岩岩样三轴流变特性试验试件破坏形式

在 25MPa 围压三轴流变试验中，顶 1-3-4 泥岩、顶 2-7.8-8.1 粉砂岩和顶 2-3-4-4 细砂岩围岩岩样的破坏形式如图 3-67 所示。

(a)   (b)   (c)

图 3-67　围岩岩样三轴压缩流变试验破坏图片

(a) 顶 1-3-4 泥岩；(b) 顶 2-7.8-8.1 粉砂岩；(c) 顶 2-3-4-4 细砂岩

底 1-3-4 泥岩岩样破裂形式以剪切破坏为主，同时伴有很大程度的局部张拉破坏。岩样有一条从上端面延伸至下端面的主要剪切破裂面，将岩样分成基本相同的两部分。主要剪切破裂面与最大主应力作用面大致呈 20°，主裂纹上有分支小裂纹出现。剪切破裂断口面较为粗糙，剪切破裂面上附有许多细小粉末，破裂滑移痕迹较为明显。另外，岩样表面有多条张拉破坏裂纹，裂纹集中在岩样一侧，从下端面往上延伸至岩样中上部，岩样表面有较大条形碎块剥落。

顶 2-7.8-8.1 粉砂岩岩样破坏形式为剪切破坏。剪切面位于岩样下半部分，与端面基本成 45°角，剪切面附近有碎块剥落。从破坏外的岩样可直观地观察到，顶2-7.8-8.1粉砂岩在靠近下端面处有明显的层理，破坏后的岩样稍有外力即有大量碎块沿水平方向剥落。

顶2-3-4-4细砂岩岩样破坏形式为劈裂破坏。岩样表面有多条基本和纵轴平行的裂纹，形成多个张拉破坏面。岩样破坏严重，大量碎块剥落，不能保持完整的形状。

在不同的压缩条件下，泥岩、粉砂岩和细砂岩围岩岩样的破坏方式明显不同。在单轴常规压缩条件下，三种围岩岩样发生的破坏主要为张拉破坏，裂纹沿纵向开展不充分，裂纹长度和宽度较小，破坏后岩样完整，无碎块剥落。在三轴常规压缩条件下，泥岩岩样的破坏一般是张拉破坏或者是弱面剪切破坏，粉砂岩和细砂岩的破坏一般为单一破坏面的剪切破坏，个别岩样发生弱面剪切破坏，岩样破坏时裂纹尺寸相对较宽较长，岩样破坏后形状较完整，个别岩样有较小碎块剥落。在单轴流变压缩条件下，三种围岩岩样发生的破坏主要为张拉破坏，裂纹沿纵向开展充分，可贯通整个岩样，裂纹宽度大。破坏时，泥岩和粉砂岩岩样沿纵向被分割成更细长的几部分，有少量较大碎块剥落，细砂岩基本完整。在三轴流变压缩条件下，泥岩岩样的破坏为剪切破坏，伴有局部张拉破坏，粉砂岩为弱面剪切破坏，细砂岩为劈裂破坏。围岩岩样的裂纹开展充分，裂纹宽度很大，可将岩样完全分割，裂纹附近及岩样表面有大量碎块剥落，岩样不能保持完整的形状。由以上分析可知，在围压和流变特性的共同作用下，岩样开裂更彻底，破坏更严重。

3.5 本章小结

朱集煤矿1112（1）运输顺槽顶板高抽巷围岩的流变特性直接影响着巷道的长期稳定和安全，因而对其流变特性进行试验研究有着重要的工程实践意义。本章采用TAW-2000M岩石多功能试验机对朱集煤矿深井巷道泥岩、粉砂岩和细砂岩围岩岩样进行了单轴压缩流变特性试验和三轴压缩流变特性试验，获取了两种试验条件下不同应力水平的岩石蠕变曲线。基于蠕变曲线，研究了岩石在单轴压缩和三轴压缩条件下轴向应变和侧向应变随时间的变化规律，探讨了不同应力水平下的流变速率的变化趋势，掌握了朱集煤矿1112（1）运输顺槽顶板高抽巷围岩流变特性的基本规律，从而为该煤矿巷道围岩流变本构方程的建立和参数辨识以及流变数值分析提供了可靠的依据。本章结论如下：

（1）围岩岩样单轴和三轴压缩流变试验中，岩样的轴向变形和侧向变形由瞬时弹性变形和蠕变变形组成。岩样在加载的瞬间产生弹性变形，然后随时间的增长逐渐产生蠕变变形。当施加的应力水平较低时，轴向蠕变曲线和侧向蠕变曲线经衰减蠕变逐渐趋于稳定；当应力水平超过屈服阀值时，蠕变曲线由衰减蠕变进入等速蠕变阶段以及加速蠕变阶段，加速蠕变阶段经历较短的时间岩样，即破坏。

（2）围岩岩样在单轴和三轴压缩流变条件下，各级荷载下的变形模量波动较小，有一定增大趋势。有围压时各围岩岩样的变形模量平均值均比无围压时的数值显著增加。

（3）单轴和三轴压缩流变条件下，围岩岩样的轴向和侧向由蠕变而产生的变形在总体变形中所占比例随荷载水平的提高而呈现增大趋势。依据蠕变在总变形中所占百分比判断岩石的蠕变特性，单轴流变压缩条件下，三种围岩岩样的轴向变形均以瞬时变形为主，流变性质不明显；侧向变形均以蠕变变形为主，流变性质明显。三轴压缩流变条件下，岩石的轴向和侧向蠕变性质均较单轴条件下显著。各种压缩条件下，岩样破坏时的轴向应变基本恒定，侧向应变变化较大，流变特性和围压的共同作用使岩样破坏时的侧向变形大幅度增加，破坏阶段体积扩容现象明显或有显著的体积扩容趋势。

（4）围岩岩样单轴和三轴压缩流变的轴向和侧向蠕变速率曲线在低应力水平时有衰减阶段和稳态阶段，稳态蠕变速率有随应力水平太高而增大的趋势；当应力水平高于屈服阈值时，蠕变速率曲线在衰减阶段和稳态阶段后可出现加速阶段，此时的稳态蠕变速率一般比低应力水平下的蠕变速率提高一个数量级。

（5）单轴和三轴压缩流变条件下的应力—应变曲线可以划分为裂隙压密阶段、弹性变形阶段、裂隙扩展阶段、宏观破裂四个阶段。在单轴应力状态下，除泥岩最后一级荷载外，三种围岩岩样的侧向应变普遍较小，数值上远远低于轴向应变，三种围岩岩样均表现为不同程度的体积扩容。在高围压状态下，泥岩、粉砂岩和细砂岩的侧向应变增加明显，体积扩容现象更加突出。在不同的压缩条件下，泥岩、粉砂岩和细砂岩围岩岩样的破坏方式和破坏程度明显不同。在围压和流变特性的共同作用下，岩样开裂更彻底，破坏更严重。围岩岩样在单轴常规压缩破坏后完整，在三轴常规压缩破坏后形状较完整，在单轴流变压缩破坏后基本完整，在三轴流变压缩破坏后不能保持完整的形状。

4 朱集煤矿巷道围岩流变本构模型研究

岩石流变本构模型的建立是岩石流变理论研究中的重要组成部分，岩石流变模型理论一直是岩石流变力学研究中的热点和难点问题之一。一些重大的、服务年限较长的岩土工程建设均需了解岩石的流变特性，建立合理的流变模型理论，以保证工程的顺利进行和长期的稳定性和安全性。近年来，岩石流变模型理论研究方面取得了很大进展，主要的流变模型有经验模型、组合模型、内时模型、经典黏塑性理论模型、损伤模型等。这些模型描述了不同应力状态下岩石的流变特性，通过引入非线性黏滞系数、损伤变量和硬化变量等参数描述岩石蠕变的非线性行为，并在试验中得到了验证，取得了一定成果，但仍存在一些问题需要进一步完善。例如岩石在长期荷载作用下发生蠕变现象，其蠕变规律不仅和时间有关，而且与所施加的应力水平也有直接关系。以往对岩样加速蠕变的研究主要考虑的是时间的影响，而很少涉及应力水平或形式复杂，显然存在一定的局限性，如何在蠕变模型中引入与应力水平有关的参量是需要进一步解决的问题。另外，围压、温度、渗流、含水率以及和应力的耦合作用对岩石流变特性及本构方程的影响也应该进一步研究。

鉴于此，本章将基于朱集煤矿 1112（1）运输顺槽顶板高抽巷围岩岩样三轴压缩蠕变试验结果，首先选用经典 Burgers 线性蠕变模型对岩样的蠕变曲线进行拟合和参数辨识；然后提出一种改进的和应力以及时间有关的指数函数形式的非线性黏性元件，将其和塑性元件并联后再与 Burgers 蠕变模型串联，建立能够反映岩样瞬时弹性变形、初期衰减蠕变、稳定蠕变和加速蠕变等阶段力学特性的六元件非线黏弹塑性模型，并根据蠕变试验结果对该模型进行拟合和参数辨识，验证了模型的合理性。

4.1 岩石流变本构模型的类型

岩石流变的本构模型研究是岩石流变力学理论研究中最基本也是最重要的组成部分，同时也是将试验研究成果用于工程实践的必经环节。主要有经验模型、组合模型、积分形式的模型。

4.1.1 线性模型

线性流变是指不同时刻的应力和应变的关系不同，而同一时刻的应力和应变的关系是线性的。

4.1.1.1　经验模型

经验模型是根据试验或实测数据回归得到的数学表达式。目前的经验公式一般用于描述初期蠕变和等速蠕变；对于加速蠕变，至今尚未找到简单适用的经验公式。蠕变的经验公式主要有幂函数型、对数函数型、指数函数型：

（1）幂函数型

$$\varepsilon(t) = At^n \tag{4-1}$$

式中，A、n 为试验常数。

（2）对数函数型

$$\varepsilon(t) = \varepsilon_0 + B\lg t + Dt \tag{4-2}$$

式中，ε_0 为瞬时弹性应变；B、D 为试验常数。

（3）指数函数型

$$\varepsilon(t) = A[1 - \exp(f(t))] \tag{4-3}$$

式中，A 为试验常数；$f(t)$ 为时间的函数。

经验公式的优点简单实用，对特定的岩石能很好吻合，但是较难推广到所有各种岩石和情况，不能描述应力松弛特性形式，并且不易于进行数值计算。

4.1.1.2　组合模型

组合模型的基本原理是把岩石的流变特性看成是弹性、黏性和塑性共同作用的结果，按照岩石的弹性、塑性和黏性性质设定一些基本元件，用弹性元件、黏性元件和塑性元件组成的模型来研究流变问题。根据具体的岩石性质将其组合成能基本反映各类岩石流变属性的本构模型。基本元件有三个，分别为弹性元件、黏性元件和塑性元件，其模型和本构关系如图 4-1 所示。

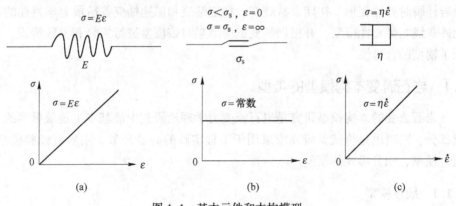

图 4-1　基本元件和本构模型

(a) 弹性元件；(b) 塑性元件；(c) 黏性元件

将若干个基本元件串联或并联，就可以得到各种各样的组合类型。串联的各元件上应力相等，应变等于各元件上应变和；并联的各元件上应变相等，应力等于各元件上应力和。常用的黏弹性模型有 Maxwell 模型、Kelvin 模型、H-K 模型、H｜M 模型、Burgers 模型，常用的黏弹塑性模型有黏塑性二元件模型、Bingham 模型、B｜K 模型。

4.1.1.3 积分型本构模型

流变方程可以通过蠕变方程或松弛方程的积分得到，而蠕变方程和松弛方程容易通过试验得到。设蠕变方程的形式为

$$\varepsilon = \sigma_0 J(t) \tag{4-4}$$

则蠕变方程为

$$\varepsilon(t) = \sigma_0 J(t) + \int_0^t J(t - t_i) \mathrm{d}\sigma(t_i) \tag{4-5}$$

分步积分可得流变方程通式为

$$\varepsilon(t) = \frac{1}{E} \left[\sigma(t) + \int_0^t K(t - t_i) \sigma(t_i) \mathrm{d}t_i \right] \tag{4-6}$$

式中，$K(t - t_i)$ 为蠕变核。

同理，从松弛方程出发可得松弛核表示的蠕变方程为

$$\sigma(t) = E\varepsilon(t) + \int_0^t R(t - t_i) \varepsilon(t_i) \mathrm{d}t_i \tag{4-7}$$

式中，$R(t - t_i)$ 为松弛核。

常用的积分形式流变模型的蠕变核有负指数函数和幂函数等形式。

负指数函数形式的蠕变核为

$$K(t - t_i) = \omega e^{-m(t - t_i)} \tag{4-8}$$

式中，ω 和 m 为系数，由岩石性质决定。

幂函数形式的蠕变核为

$$K(t - t_i) = \delta(t - t_i)^{-\alpha} \tag{4-9}$$

式中，δ 和 α 为系数，$0 < \alpha < 1$，$\delta > 0$。

4.1.2 非线性模型

非线性流变是指同一时刻应力与应变关系是非线性的。大量的工程现场测量和室内试验表明，许多岩石的流变特性都是非线性的，在一定应力水平下常常发生非线性流变，且会表现出加速蠕变特征。目前，建立岩石非线性流变模型主要有以下四种途径：

（1）采用经验公式。对流变试验结果进行回归分析得到经验模型。经验公式往往只对某一地区或某一种岩石材料适用，不便于推广使用，且只反映流变的

外部表象，无法反映其内在机理。

（2）对现有的线性模型理论进行改进，用与应力水平或时间有关的非线性元件代替线性元件。

（3）与新理论耦合。如在组合流变模型引入损伤变量建立岩石非线性流变本构模型。

（4）采用半经验半理论的方法。即把流变分成线性流变和非线性流变两部分，采用模型理论来描述线性流变部分，而采用经验模型来描述非线性流变部分。

本书采用第二种方法建立适合于朱集煤矿1112（1）运输顺槽顶板高抽巷埋深近千米围岩的非线性流变模型。

4.2　巷道围岩线性黏弹塑性流变本构模型蠕变曲线拟合和参数辨识

4.2.1　建立模型的基本理论

黏弹性流变方程可以表示为

$$\varepsilon_{ve} = J_{ve}(t, \sigma)\sigma = \varepsilon_{1,ve} + \varepsilon_{n,ve} = J_{1,ve}(t)\sigma + J_{n,ve}(t, \sigma)\sigma \qquad (4\text{-}10)$$

式中，ε_{ve} 为黏弹性总应变；$\varepsilon_{1,ve}$ 为线性黏弹性应变；$\varepsilon_{n,ve}$ 为非线性黏弹性应变；σ 为应力；$J_{ve}(t)$ 为黏弹性总蠕变柔量；$J_{1,ve}(t)$ 为线性黏弹性蠕变柔量；$J_{n,ve}(t)$ 为非线性黏弹性蠕变柔量。

黏塑性流变方程可以表示为

$$\varepsilon_{vp} = J_{vp}(t, \sigma - \sigma_s)(\sigma - \sigma_s) = \varepsilon_{1,vp} + \varepsilon_{n,vp}$$
$$= J_{1,vp}(t)(\sigma - \sigma_s) + J_{n,vp}(t, \sigma - \sigma_s)(\sigma - \sigma_s) \qquad (4\text{-}11)$$

式中，ε_{vp} 为黏塑性总应变；$\varepsilon_{1,vp}$ 为线性黏塑性应变；$\varepsilon_{n,vp}$ 为非线性黏塑性应变；σ_s 为屈服应力；$\sigma - \sigma_s$ 为过应力；$J_{vp}(t)$ 为黏塑性总蠕变柔量；$J_{1,vp}(t)$ 为线性黏塑性蠕变柔量；$J_{n,vp}(t)$ 为非线性黏塑性蠕变柔量。

黏弹塑性流变方程可以表示为

$$\varepsilon_{vp} = (\varepsilon_{1,ve} + \varepsilon_{n,ve}) + (\varepsilon_{1,vp} + \varepsilon_{n,vp})$$
$$= (\varepsilon_{1,ve} + \varepsilon_{1,vp}) + (\varepsilon_{n,ve} + \varepsilon_{n,vp}) = \varepsilon_{1,v} + \varepsilon_{n,v} \qquad (4\text{-}12)$$

黏弹性应力应变基本呈直线，可忽略非线性黏弹性应变。应力水平越高，岩石非线性程度越明显。在岩石未出现加速蠕变的应力水平下，可认为只有线性黏塑性应变，而忽略掉其非线性黏塑性应变。因此，没有出现加速蠕变阶段的应力水平下的蠕变应变可以简化为线性黏弹性应变和线性黏塑性应变之和，采用模型理论进行分析。其本构关系模型简化为

$$\varepsilon = \varepsilon_{1,ve} + \varepsilon_{1,vp} \qquad (4\text{-}13)$$

可描述出现加速蠕变阶段的非线性黏弹塑性本构关系为

$$\varepsilon = \varepsilon_{l,ve} + \varepsilon_{l,vp} + \varepsilon_{n,vp} = \varepsilon_{l,ve} + \varepsilon_{n,v} \tag{4-14}$$

式中，线性黏弹性应变 $\varepsilon_{l,ve}$ 采用模型理论确定，黏塑性应变 $\varepsilon_{n,v}$ 则根据改进的非线性模型确定。

4.2.2　线性 Burgers 流变模型

由第 3 章对蠕变曲线的分析可知，围岩试样具有以下几个特点：（1）施加某一应力水平后，产生瞬时弹性应变，所以流变模型中应包含弹性元件；（2）各级应力水平下，应变均随时间的推移而增加，模型中应包含黏性元件；（3）应力水平较低时，应变速率随时间增大而减小，应变最终将趋于稳定，应力水平越高，最终应变越大；未出现定常蠕变和加速蠕变，岩样不会破坏，在模型中应包含如开尔文体等能模拟衰减蠕变的元件；（4）应力水平较高时，出现衰减蠕变、定常蠕变和加速蠕变，岩样会发生破坏。

根据岩体的力学特性和流变特性选用不同的岩石流变模型，通过与实际数据的对比进行参数的调整，最终确定模型类型和参数形式，并通过拟合计算出弹性和黏塑性参数的具体值。根据前面的试验数据分析，本试验选用线性伯格斯 Burgers 模型，利用 Origin 数据处理软件对蠕变曲线拟合，对力学参数进行辨识。Origin 软件不需要在编程上花费大量精力，操作简单，容易掌握，可以绘制各种图形，还可以方便地实现自定义函数的拟合。

线性 Burgers 流变模型由 Maxwell 体和 Kelven 体串联形成的黏弹性模型，如图 4-2 所示。

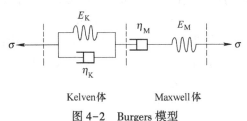

Kelven体　　　　Maxwell体

图 4-2　Burgers 模型

根据串联元件应力相等，并联元件应变相等的原则，可推出

$$\sigma = \sigma_M = \sigma_K \qquad \varepsilon = \varepsilon_M + \varepsilon_K$$
$$\dot{\varepsilon} = \dot{\varepsilon}_M + \dot{\varepsilon}_K \qquad \ddot{\varepsilon} = \ddot{\varepsilon}_M + \ddot{\varepsilon}_K \tag{4-15}$$

式中，下角 M、K 分别为 Maxwell 体和 Kelven 体所对应参量；$\dot{\varepsilon}$、$\ddot{\varepsilon}$ 分别为应变对时间的一阶导数和二阶导数。

对于 Maxwell 体，有

$$\dot{\varepsilon}_M = \frac{\dot{\sigma}_M}{E_M} + \frac{\sigma_M}{\eta_M} \qquad \ddot{\varepsilon}_M = \frac{\ddot{\sigma}_M}{E_M} + \frac{\dot{\sigma}_M}{\eta_M} \tag{4-16}$$

式中, $\dot{\sigma}$、$\ddot{\sigma}$ 分别为应力对时间的一阶导数和二阶导数。

对于 Kelven, 有

$$\sigma_K = E\varepsilon_K + \eta_K\dot{\varepsilon}_K \qquad \dot{\sigma}_K = E_K\dot{\varepsilon}_K + \eta_K\ddot{\varepsilon}_K \tag{4-17}$$

所以

$$\ddot{\varepsilon}_K = \frac{\dot{\sigma}_K}{\eta_K} - \frac{E_K}{\eta_K}\dot{\varepsilon}_K \tag{4-18}$$

$$\ddot{\varepsilon} = \frac{\ddot{\sigma}}{E_M} + \frac{\dot{\sigma}}{\eta_M} + \frac{\dot{\sigma}}{\eta_K} - \frac{E_K}{\eta_K}\dot{\varepsilon}_K \tag{4-19}$$

$$\ddot{\varepsilon} = \frac{\ddot{\sigma}}{E_M} + \frac{\dot{\sigma}}{\eta_M} + \frac{\dot{\sigma}}{\eta_K} - \frac{E_K}{\eta_K}\left(\dot{\varepsilon} - \frac{\dot{\sigma}}{E_M} - \frac{\sigma}{\eta_M}\right) \tag{4-20}$$

整理可得 Burgers 模型的流变方程

$$\ddot{\sigma} + \left(\frac{E_M}{\eta_M} + \frac{E_M}{\eta_K} + \frac{E_K}{\eta_K}\right)\dot{\sigma} + \frac{E_K E_M}{\eta_K\eta_M}\sigma = E_M\ddot{\varepsilon} + \frac{E_M E_K}{\eta_K}\dot{\varepsilon} \tag{4-21}$$

当应力为常数时, 可得蠕变方程。令

$$\sigma = \sigma_{c'} \qquad \ddot{\sigma} = \dot{\sigma} = 0 \tag{4-22}$$

代入流变方程整理可得蠕变方程为

$$\varepsilon = \frac{\sigma_c}{E_M} + \frac{t}{\eta_M}\sigma_c + \frac{\sigma_c}{E_K}\left(1 - e^{-\frac{E_K}{\eta_K}t}\right) \tag{4-23}$$

一维条件下, 弹性虎克定律为

$$\sigma = E\varepsilon \tag{4-24}$$

三维条件下, 弹性虎克定律可写为偏张量的形式和球张量的形式为

$$S_{ij} = 2Ge_{ij}, \quad \sigma_{ii} = 3K\varepsilon_{ii} \tag{4-25}$$

式中, G 为材料的弹性剪切模量; K 为材料的弹性体积模量; S_{ij}、e_{ij}、σ_{ii}、ε_{ii} 分别为偏应力张量、偏应变张量、球应力张量、球应变张量, 可写为

$$K = \frac{E}{3(1 - 2\mu)} \qquad G = \frac{E}{2(1 + \mu)} \tag{4-26}$$

$$S_{ij} = \sigma_{ij} - \sigma_m\delta_{ij} = \begin{bmatrix} \sigma_x - \sigma_m & \tau_{xy} & \tau_{xz} \\ \tau_{xy} & \sigma_x - \sigma_m & \tau_{yz} \\ \tau_{zx} & \tau_{zy} & \sigma_z - \sigma_m \end{bmatrix} \tag{4-27}$$

$$e_{ij} = \varepsilon_{ij} - \varepsilon_m\delta_{ij} = \begin{bmatrix} \varepsilon_x - \varepsilon_m & \dfrac{\gamma_{xy}}{2} & \dfrac{\gamma_{xz}}{2} \\ \dfrac{\gamma_{xy}}{2} & \varepsilon_y - \varepsilon_m & \dfrac{\gamma_{yz}}{2} \\ \dfrac{\gamma_{xz}}{2} & \dfrac{\gamma_{yz}}{2} & \varepsilon_z - \varepsilon_m \end{bmatrix} \tag{4-28}$$

$$\sigma_{ii} = \sigma_x + \sigma_y + \sigma_z = 3\sigma_m \tag{4-29}$$

$$\varepsilon_{ii} = \varepsilon_x + \varepsilon_y + \varepsilon_z = 3\varepsilon_m \tag{4-30}$$

式中，E 为材料的弹性模量；μ 为材料的泊松比。

球张量反映的是静水压力和体积应变，对于多数工程材料可以认为体积应变是弹性的，没有塑性部分，也没有流变部分，所以涉及流变问题的虎克定律只是其中偏张量部分。

孙钧[1]提出三维甚至多维状态下岩土材料流变本构可以利用一维模型，采用类比的方法导出。利用式（4-22）和式（4-23）的对应关系，将一维蠕变模型推广成三维蠕变模型，只需将相应的流变本构方程参数进行调换，即

$$\varepsilon \rightarrow e_{ij}, \ \sigma \rightarrow S_{ij}, \ E \rightarrow 2G, \ \eta \rightarrow 2H \tag{4-31}$$

Burgers 模型三维形式的流变方程为

$$\ddot{S}_{ij} + \left(\frac{G_M}{H_M} + \frac{G_M}{H_K} + \frac{G_K}{H_K}\right)\dot{S}_{ij} + \frac{G_K G_M}{H_K H_M}\sigma = 2G_M\ddot{e}_{ij} + \frac{2G_M G_K}{H_K}\dot{e}_{ij} \tag{4-32}$$

式中，G 为三维剪切模量；H 为黏滞系数。

其三维形式的蠕变方程为

$$e_{ij} = \frac{S_{ij}^c}{2G_M} + \frac{t}{2H_M}S_{ij}^c + \frac{S_{ij}^c}{2G_K}\left(1 - e^{-\frac{G_K}{H_K}t}\right) \tag{4-33}$$

在三轴压缩试验中，有 $\sigma_2 = \sigma_3$，$\varepsilon_2 = \varepsilon_3$，轴向蠕变和侧向 Burgers 蠕变方程分别为

$$\varepsilon_1 = \frac{\sigma_1 + 2\sigma_3}{9K} + \frac{\sigma_1 - \sigma_3}{3H_M}t + \frac{\sigma_1 - \sigma_3}{3G_K}\left(\frac{G_K + G_M}{G_M} - e^{-\frac{G_K}{H_K}t}\right) \tag{4-34}$$

$$\varepsilon_3 = \frac{\sigma_1 + 2\sigma_3}{9K} + \frac{\sigma_3 - \sigma_1}{3H_M}t + \frac{\sigma_3 - \sigma_1}{3G_K}\left(\frac{G_K + G_M}{G_M} - e^{-\frac{G_K}{H_K}t}\right) \tag{4-35}$$

4.2.3　Burgers 模型蠕变曲线拟合和参数辨识

确定模型参数的方法主要有最小二乘法、回归反演法以及蠕变曲线分解法，目前应用最广泛的方法是最小二乘法。本书采用 Origin 数据分析软件的非线性最小二乘法拟合工具进行围岩岩样的蠕变曲线拟合和参数辨识。

在试验数据中常有异常值会歪曲试验结果，为了获得更合理的拟合函数和曲线，本书采用肖维勒准则对异常值进行判断并剔除。肖维勒准则原理如下：在 n 次测量中，取不可能发生的个数为 1/2，对正态分布而言，误差不可能出现的概率为

$$1 - \frac{1}{\sqrt{2\pi}}\int_{-\omega_n}^{\sigma} \exp\left(-\frac{x^2}{2}\right)\mathrm{d}x = \frac{1}{2n} \tag{4-36}$$

由标准正态分布函数的定义可知

$$\phi(\omega_n) = \frac{1}{2}\left(1 - \frac{1}{2n}\right) + 0.5 = 1 - \frac{1}{4n} \tag{4-37}$$

根据 n 的数值查标准正态函数表可得 ω_n。当残差大于 $\omega_n * SD$ 时，数据点应剔除，否则应保留，其中 SD 指的是标准差。

本书采用 Origin 软件对异常点进行剔除，具体流程如下：在软件中输入试验数据，会出试验曲线并进行拟合；再计算出拟合值和试验值之间的残差；最后根据标准差和肖维勒系数对异常值进行剔除。

确定材料参数有直接试验方法、经验类比法、原型观测反分析法等方法。随着计算技术的发展，工程界涌现出一些新的参数反分析方法，如遗传进化算法、人工神经网络技术、灰色系统理论等。根据室内试验数据及曲线确定岩石流变参数的方法主要有最小二乘法、回归分析法以及曲线分解法等，其本质是用不同的数学方法来对试验曲线拟合，其中最小二乘法为应用最为广泛的一种方法。对于非线性最小二乘法问题，应注意选取合适的初始参数值，以避免迭代的发散。

泥岩、粉砂岩和细砂岩等围岩岩样各级荷载下的蠕变试验曲线和拟合曲线分别如图 4-3~图 4-5 所示，蠕变参数辨识结果与相关系数见表 4-1~表 4-3。表中 Adj. R-Square 表示拟合相似度，拟合相似度越接近 1，拟合效果越好。

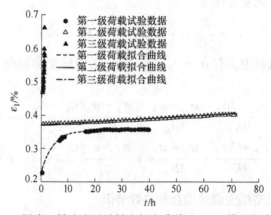

图 4-3　泥岩三轴流变试验轴向蠕变曲线 Burgers 模型拟合结果

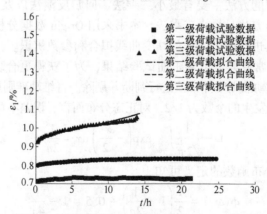

图 4-4　粉砂岩三轴流变试验轴向蠕变曲线 Burgers 模型拟合结果

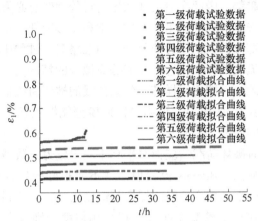

图 4-5 细砂岩三轴流变试验轴向蠕变曲线 Burgers 模型拟合结果

表 4-1 泥岩三轴流变试验 Burgers 模型参数辨识结果

荷载等级	应力/MPa	Adj. R-Square	E_M/GPa	η_M/GPa·h	E_K/GPa	η_K/GPa·h
第一级	57.5	0.9986	37.58	1.18×10^5	61.17	275.14
第二级	65.2	0.9802	24.29	2.00×10^4	9020.00	4.81×10^4
第三级	79.9	0.9118	22.96	97.71	42.57	1.21×10^6

表 4-2 粉砂岩三轴流变试验 Burgers 模型参数辨识结果

荷载等级	应力/MPa	Adj. R-Square	E_M/GPa	η_M/GPa·h	E_K/GPa	η_K/GPa·h
第一级	80.0	0.9878	14.89	96927.85	435.50	782.65
第二级	100.0	0.9959	15.66	18008.75	493.68	1578.11
第三级	120.0	0.7331	15.80	1577.80	598.43	402.52

表 4-3 细砂岩三轴流变试验 Burgers 模型参数辨识结果

荷载等级	应力/MPa	Adj. R-Square	E_M/GPa	η_M/GPa·h	E_K/GPa	η_K/GPa·h
第一级	104.9	0.95778	31.71	1.30×10^7	2.60×10^3	3.20×10^2
第二级	114.8	0.9792	31.89	1.85×10^5	2.51×10^3	4.37×10^3
第三级	125.1	0.9930	31.90	1.99×10^5	3.77×10^3	1.58×10^4
第四级	135.0	0.9944	31.95	1.66×10^5	3.67×10^3	1.09×10^4
第五级	144.9	0.9931	32.01	2.28×10^5	2.23×10^3	8.84×10^3
第六级	155.2	0.2953	31.84	2.25×10^5	4.29×10^3	1.91×10^4

　　泥岩第一级荷载轴向蠕变曲线有突变。突变是由于岩样内部损伤逐步积累形成的局部破坏造成的，是蠕变试验的一种正常现象。对流变试验结果的分析和评

价应更为关注整体趋势，因此在对流变数据进行处理时有必要进行人为数据处理以使得试验数据不失真实地反映出岩石的力学和变形特征。本书保留泥岩第一级荷载蠕变曲线初始部分和突变以后的部分，而忽略突变过程中的曲线。这样既可以反映泥岩的整体流变趋势和特性，又能提高拟合的精度。

除最后一级荷载外，围岩岩样其余各级荷载的蠕变曲线拟合效果良好，曲线拟合相似度大多数在 0.98 以上，说明伯格斯模型能够很好地拟合衰减蠕变阶段以及稳态蠕变阶段的曲线。

最后一级荷载时破坏荷载，应力水平高于屈服应力的数值，所以岩样一般会出现加速蠕变。很显然，Burgers 流变模型并不能很好的拟合加速蠕变阶段。泥岩最后一级荷载作用下的蠕变曲线的拟合相似度较高，可达到 0.91，粉砂岩和细砂岩最后一级荷载作用下的蠕变曲线的拟合相似度分别只有 0.7331 和 0.2953，拟合效果不理想。

4.2.4　线性黏弹塑性流变本构模型

4.2.4.1　线性黏塑性模型

在应力水平较高时，蠕变出现等速蠕变阶段，可以用黏性元件和塑性元件并联组成的线性黏塑性体来描述岩石的黏塑性蠕变规律，其流变方程为

$$\dot{\varepsilon} = \frac{\langle \sigma - \sigma_s \rangle}{\eta} \tag{4-38}$$

$$\langle \sigma - \sigma_s \rangle = \begin{cases} 0 & \sigma < \sigma_s \\ \sigma - \sigma_s & \sigma \geqslant \sigma_s \end{cases} \tag{4-39}$$

线性黏塑性模型的蠕变方程为

$$\varepsilon = \frac{\langle \sigma - \sigma_s \rangle}{\eta} t \tag{4-40}$$

黏塑性模型的三维本构关系为[204,205]

$$\dot{\varepsilon} = \frac{1}{2H} \left\langle \phi \left(\frac{F}{F_0} \right) \right\rangle \frac{\partial Q}{\partial \sigma_{ij}} \tag{4-41}$$

$$\left\langle \phi \left(\frac{F}{F_0} \right) \right\rangle = \begin{cases} 0 & F < 0 \\ \phi \left(\frac{F}{F_0} \right) & F \geqslant 0 \end{cases} \tag{4-42}$$

式中，ϕ 函数一般为幂函数或指数函数；F 为岩石屈服函数，根据不同的屈服准则采用不同的形式；F_0 为岩石屈服函数的初始参考值，通常可取为 $F_0 = 1$；Q 为塑性势函数，取 $Q = F$ 为塑性理论中的相关联流动法则，取 $Q \neq F$ 则为非关联流动法则。为简便起见，黏塑性本构方程在 $F \geqslant 0$ 时可简化为[1]

$$\dot{\varepsilon}_{ij} = \frac{1}{2H} F \frac{\partial Q}{\partial \sigma_{ij}} \tag{4-43}$$

由一维蠕变模型推广为三维蠕变模型，需要确定合适的屈服函数和塑性势函数来描述岩石的塑性应变增量的大小及塑性应变增量的方向。可选用 Druck-Prager 屈服准则[2]。Druck-Prager 屈服准则由 Coulomb-Mohr 屈服准则改进而得，在 π 平面上为一个圆，可看作 Coulomb-Mohr 准则为避免奇异点而作的光滑近似。本书采用相关联流动法则，则

$$Q = F = \sqrt{J_2} - \alpha I_1 - k \tag{4-44}$$

式中，I_1 为应力第一不变量，$I_1 = 3\sigma_{ii}$；J_2 为应力偏量第二不变量，$J_2 = 1/2 S_{ij} S_{ij}$；α、k 分别为与黏聚力 c、内摩擦角 φ 有关的常数，形式为

$$\alpha = \frac{\sin\varphi}{\sqrt{3}\sqrt{3 + \sin^2\varphi}} \quad k = \frac{\sqrt{3} c\cos\varphi}{\sqrt{3 + \sin^2\varphi}} \tag{4-45}$$

故 $\dfrac{\partial F}{\partial \sigma_{ij}}$ 可以写为

$$\frac{\partial F}{\partial \sigma_{ij}} = \frac{S_{ij}}{2\sqrt{J_2}} - \alpha\sigma_{ij}\delta_{ij} \tag{4-46}$$

则黏塑性模型的三维本构关系为

$$\dot{\varepsilon} = \frac{1}{H}(\sqrt{J_2} - \alpha I_1 - k)\left(\frac{S_{ij}}{2\sqrt{J_2}} - \alpha\sigma_{ij}\delta_{ij}\right) \tag{4-47}$$

其蠕变方程为

$$\varepsilon = \frac{t}{H}(\sqrt{J_2} - \alpha I_1 - k)\left(\frac{S_{ij}}{2\sqrt{J_2}} - \alpha\sigma_{ij}\delta_{ij}\right) \tag{4-48}$$

4.2.4.2 线性黏弹塑性模型

将 Burgers 黏弹蠕变模型和黏塑性蠕变模型组合在一起，得到岩石的黏弹塑性蠕变模，如图 4-6 所示。

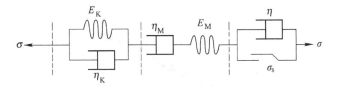

图 4-6 线性黏弹塑性流变模型

因为总应变等于串联元件应变之和，所以黏弹塑性模型蠕变方程等于 Burgers 模型蠕变方程和黏塑性模型蠕变方程之和。当 $\sigma < \sigma_s$ 时，模型退化为 Burgers 模型，蠕变方程即为 Burgers 模型蠕变方程；当 $\sigma \geqslant \sigma_s$ 时，蠕变方程为

$$\varepsilon = \frac{\sigma_c}{E_M} + \frac{t}{\eta_M}\sigma_c + \frac{\sigma_c}{E_K}(1 - e^{-\frac{E_K}{\eta_K}t}) + \frac{\sigma_c - \sigma_s}{\eta}t \qquad (4-49)$$

对应的三维蠕变方程为

$$e_{ij} = \frac{S_{ij}^c}{2G_M} + \frac{t}{2H_M}S_{ij}^c + \frac{S_{ij}^c}{2G_K}(1 - e^{-\frac{G_K}{H_K}t}) +$$

$$\frac{t}{H}(\sqrt{J_2} - \alpha I_1 - k)\left(\frac{S_{ij}^c}{2\sqrt{J_2}} - \alpha\sigma_{ij}\delta_{ij}\right) \qquad (4-50)$$

在三轴压缩试验中，岩石屈服以后的蠕变方程分别为

$$\varepsilon_1 = \frac{\sigma_1 + 2\sigma_3}{9K} + \frac{\sigma_1 - \sigma_3}{3H_M}t + \frac{\sigma_1 - \sigma_3}{3G_K}\left(\frac{G_K + G_M}{G_M} - e^{-\frac{G_K}{H_K}t}\right) +$$

$$\frac{t}{H}\left[\frac{\sigma_1 - \sigma_3}{\sqrt{6}} - \alpha(\sigma_1 + 2\sigma_3) - k\right]\left(\frac{\sqrt{6}}{3} - \alpha\sigma_1\right) \qquad (4-51)$$

$$\varepsilon_3 = \frac{\sigma_1 + 2\sigma_3}{9K} + \frac{\sigma_3 - \sigma_1}{3H_M}t + \frac{\sigma_3 - \sigma_1}{3G_K}\left(\frac{G_K + G_M}{G_M} - e^{-\frac{G_K}{H_K}t}\right) +$$

$$\frac{t}{H}\left[\frac{\sigma_1 - \sigma_3}{\sqrt{6}} - \alpha(\sigma_1 + 2\sigma_3) - k\right]\left(-\frac{\sqrt{6}}{6} - \alpha\sigma_3\right) \qquad (4-52)$$

4.2.5　线性黏弹塑性模型蠕变曲线拟合和参数辨识

当 $\sigma < \sigma_s$ 时，模型退化为 Burgers 模型，所以只对围岩岩样最后一级荷载的蠕变曲线拟合即可，拟合曲线如图 4-7~图 4-9 所示，参数辨识结果见表 4-4~表 4-6。

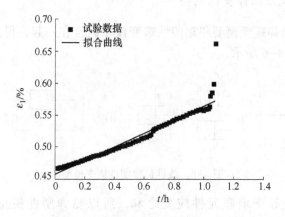

图 4-7　泥岩轴向蠕变曲线黏弹塑性模型拟合

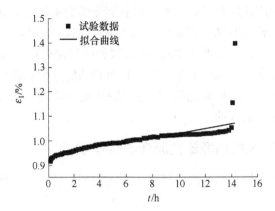

图 4-8 粉砂岩轴向蠕变曲线黏弹塑性模型拟合

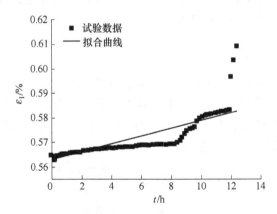

图 4-9 细砂岩轴向蠕变曲线黏弹塑性模型拟合

表 4-4 泥岩黏弹塑性模型参数辨识结果

应力/MPa	Adj. R-Square	E_M/GPa	η_M/GPa·h	E_K/GPa	η_K/GPa·h	η/GPa·h
79.9	0.9309	22.96	112.07	1030.45	4.50×10^7	106.83

表 4-5 粉砂岩黏弹塑性模型参数辨识结果

应力/MPa	Adj. R-Square	E_M/GPa	η_M/GPa·h	E_K/GPa	η_K/GPa·h	η/GPa·h
120.0	0.8319	15.80	1638.42	598.43	402.42	5756.01

表 4-6 细砂岩黏弹塑性模型参数辨识结果

应力/MPa	Adj. R-Square	E_M/GPa	η_M/GPa·h	E_K/GPa	η_K/GPa·h	η/GPa·h
155.2	0.7241	32.00	4.51×10^5	901.00	1.35×10^5	730.50

分析可知，采用线性黏弹塑性模型对有加速蠕变阶段的蠕变曲线拟合的相似度有所提高，提高较多时细砂岩曲线，由原来的 0.2953 提高至 0.7241，但是拟合效果仍然不理想。比较线性的 Burgers 模型和线性黏弹塑性模型的蠕变方程可知，后者比前者多出 $(\sigma_c - \sigma_s)t/\eta$ 一项，此项和蠕变方程右边第二项都是关于时间 t 的一次项，所以二者本质上反映的变形特征是一样的，拟合精度提高只是因为多项式项数的提高造成的。

4.3　巷道围岩非线性黏弹塑性流变本构模型

前面所述的组合模型都是线性模型。线性模型的蠕变方程均可写为

$$\varepsilon = J(t)\sigma \tag{4-53}$$

式中，$J(t)$ 为蠕变柔量，仅与时间有关。当时间一定时，$J(t)$ 为一定值，应力应变呈线性关系。而实际上岩石的应力应变关系是非线性的。因此需要建立非线性本构模型来反映岩石的流变特性。

4.3.1　非线性黏性元件

孙钧根据砂岩和泥岩的不同试验结果，分别对黏滞系数随加载应力和荷载持续时间的关系进行了研究，证明岩石在蠕变过程中黏滞系数的非线性性质。本书通过参考大量相关方面的文献，提出一种和应力以及时间有关的幂函数形式的非线性黏性元件，其黏滞系数表达式为

$$\eta(\sigma,\ t) = \eta_0 \exp\left[-\frac{\langle \sigma - \sigma_s \rangle t}{b}\right] \tag{4-54}$$

其中

$$\langle \sigma - \sigma_s \rangle = \begin{cases} 0,\ \sigma \leqslant \sigma_s \\ \sigma - \sigma_s,\ \sigma > \sigma_s \end{cases}$$

式中，η_0 为初始黏滞系数；σ_s 为屈服应力；b 为材料常数，MPa·h；t 为加载时间。

（1）当 $\sigma < \sigma_s$ 时

$$\eta(\sigma,\ t) = \eta_0$$

（2）当 $\sigma > \sigma_s$ 时

$$\eta(\sigma,\ t) = \eta_0 \exp\left(-\frac{\sigma - \sigma_s}{b}t\right) \tag{4-55}$$

应力为定值时，非线性黏滞系数 $\eta(\sigma,\ t)$ 随时间 t 的增大而降低，变化规律如图 4-10 所示。

t 为 1h，2h，5h，10h 时，非线性黏滞系数 $\eta(\sigma,\ t)$ 随应力的变化 σ 规律如图 4-11 所示。在同一时刻，非线性黏滞系数 $\eta(\sigma,\ t)$ 随应力 σ 的增大而降低。时间越长，$\eta(\sigma,\ t)$ 下降越快。

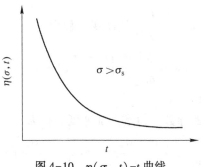

图 4-10 $\eta(\sigma, t)$-t 曲线

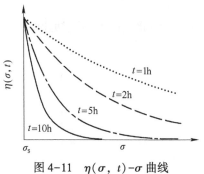

图 4-11 $\eta(\sigma, t)$-σ 曲线

把指数函数形式的非线性元件和圣维南塑性元件并联，形成非线性黏塑性模型，如图 4-12 所示。

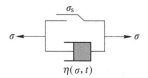

图 4-12 非线性黏塑性模型

（1）当 $\sigma < \sigma_s$ 时，模型因塑性元件不能滑动而不产生变形，当此模型和其他模型串联时可将其忽略。

（2）当 $\sigma > \sigma_s$ 时，

$$\dot{\varepsilon} = \frac{\sigma - \sigma_s}{\eta(\sigma, t)} = \frac{\sigma - \sigma_s}{\eta_0}\exp\left(\frac{\sigma - \sigma_s}{b}t\right) \qquad (4\text{-}56)$$

当应力为定值时，两边积分可得蠕变方程：

$$\varepsilon = \frac{b}{\eta_0}\exp\left(\frac{\sigma - \sigma_s}{b}t\right) + C \qquad (4\text{-}57)$$

式中，C 为积分常数。

当 $t=0$ 时，$\varepsilon=0$，则 $C=-\dfrac{b}{\eta_0}$。故蠕变方程为

$$\varepsilon = \frac{b}{\eta_0}\left[\exp\left(\frac{\sigma-\sigma_s}{b}t\right)-1\right] \tag{4-58}$$

蠕变曲线如图 4-13 所示。

对本构方程求时间的导数可得蠕变加速度方程为

$$\ddot{\varepsilon} = \frac{1}{\eta_0}\left(1+\frac{\sigma-\sigma_s}{b}t\right)\times\exp\left(\frac{\sigma-\sigma_s}{b}t\right)\times\dot{\sigma}+$$

$$\frac{(\sigma-\sigma_s)^2}{b\eta_0}\times\exp\left(\frac{\sigma-\sigma_s}{b}t\right) \tag{4-59}$$

应变加速度恒大于零，证明此元件可描述加速蠕变，应变加速度的变化规律如图 4-14 所示。

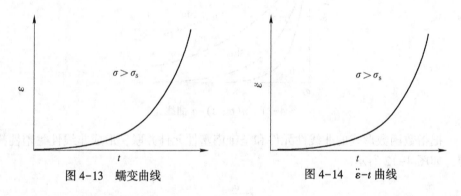

图 4-13　蠕变曲线　　　　　　　　图 4-14　$\ddot{\varepsilon}$-t 曲线

4.3.2　非线性黏弹塑性模型

把非线性元件和伯格斯模型串联在一起组成新的五元件非线性黏弹塑性模型，如图 4-15 所示。新的模型不仅能够反映蠕变的衰减阶段和稳定阶段，也能够反映加速流变阶段。

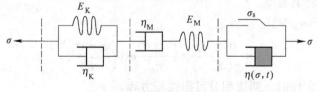

开尔文元件　　　　麦克斯威尔元件　　　非线性黏塑性元件

图 4-15　非线性六元件流变模型

当 $\sigma < \sigma_s$ 时，模型退化为 Burgers 模型，其蠕变方程为

$$\varepsilon = \frac{\sigma_c}{E_M} + \frac{t}{\eta_M}\sigma_c + \frac{\sigma_c}{E_K}(1 - e^{-\frac{E_K}{\eta_K}t}) \tag{4-60}$$

当 $\sigma > \sigma_s$ 时，蠕变方程为

$$\varepsilon = \frac{\sigma_c}{E_M} + \frac{t}{\eta_M}\sigma_c + \frac{\sigma_c}{E_K}(1 - e^{-\frac{E_K}{\eta_K}t}) + \frac{b}{\eta_0}\left[\exp\left(\frac{\sigma_c - \sigma_s}{b}t\right) - 1\right] \tag{4-61}$$

采用 Druck-Prager 屈服准则，岩石屈服后的三维形式的蠕变方程为

$$e_{ij} = \frac{S_{ij}^c}{2G_M} + \frac{t}{2H_M}S_{ij}^c + \frac{S_{ij}^c}{2G_K}(1 - e^{-\frac{G_K}{H_K}t}) +$$

$$\frac{b}{H_0}\left[\exp\frac{(\sqrt{J_2} - \alpha I_1 - k)\left(\dfrac{S_{ij}^c}{2\sqrt{J_2}} - \alpha\sigma_{ij}\delta_{ij}\right)}{b}t - 1\right] \tag{4-62}$$

在三轴压缩试验中，岩石屈服以后的蠕变方程分别为

$$\varepsilon_1 = \frac{\sigma_1 + 2\sigma_3}{9K} + \frac{\sigma_1 - \sigma_3}{3H_M}t + \frac{\sigma_1 - \sigma_3}{3G_K}\left(\frac{G_K + G_M}{G_M} - e^{-\frac{G_K}{H_K}t}\right) +$$

$$\frac{b}{H_0}\left\{\exp\frac{\left[\dfrac{\sigma_1 - \sigma_3}{\sqrt{6}} - \alpha(\sigma_1 + 2\sigma_3) - k\right]\left(\dfrac{\sqrt{6}}{3} - \alpha\sigma_1\right)}{b}t - 1\right\} \tag{4-63}$$

$$\varepsilon_3 = \frac{\sigma_1 + 2\sigma_3}{9K} + \frac{\sigma_3 - \sigma_1}{3H_M}t + \frac{\sigma_3 - \sigma_1}{3G_K}\left(\frac{G_K + G_M}{G_M} - e^{-\frac{G_K}{H_K}t}\right) +$$

$$\frac{t}{H_0}\left\{\exp\frac{\left[\dfrac{\sigma_1 - \sigma_3}{\sqrt{6}} - \alpha(\sigma_1 + 2\sigma_3) - k\right]\left(-\dfrac{\sqrt{6}}{6} - \alpha\sigma_3\right)}{b}t - 1\right\} \tag{4-64}$$

4.4 围岩轴向蠕变曲线非线性黏弹塑性流变模型拟合和参数辨识

4.4.1 一维方程拟合和参数辨识

当应力水平小于屈服应力时，非线性黏弹塑性流变模型退化为 Burgers 模型，所以只需采用新的非线性黏弹塑性流变模型对围岩岩样最后一级蠕变曲线进行拟合即可，拟合曲线如图 4-16~图 4-18 所示，参数辨识结果见表 4-7~表 4-9。对比线性 Burgers 模型黏弹性流变模型和线性黏弹塑性流变模型的拟合结果可知，采用非线性黏弹塑性流变模型对有加速阶段的蠕变曲线进行拟

合，泥岩、粉砂岩和细砂岩的拟合相似度分别提高至 0.9900、0.9946 和 0.9782，拟合效果理想。

　　每级荷载对应求出一组模型参数，如果各级荷载的模型参数相同，则表明所研究岩土材料为理想的线性黏弹塑性体，如果不同，则表明所研究岩石为非线性黏弹塑性体，即蠕变柔量不仅是时间的函数，还与应力水平有关。表 4-7~表 4-9 中不同应力水平的模型参数相差较大且无明显规律性，原因是围岩的黏弹塑性变形为非线性，非线性拟合采用的是最小二乘法，不同的参数组合都可实现试验数据与拟合数据距离平方和最小的原则，虽然在拟合过程中考虑了不同应力水平下模型参数的理论变化趋势，但仍未得到理想结果。另外，梯级加载使得后面荷载的模型参数受前面荷载的累计影响较大。关于模型参数和应力、时间的关系还需进一步研究。

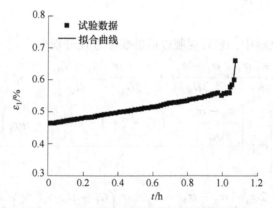

图 4-16　泥岩轴向蠕变曲线非线性模型拟合

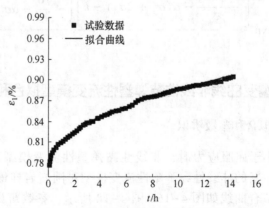

图 4-17　粉砂岩轴向蠕变曲线非线性模型拟合

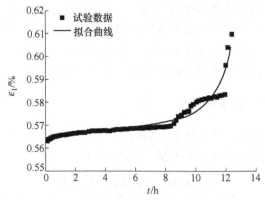

图 4-18 细砂岩轴向蠕变曲线非线性模型拟合

表 4-7 泥岩三轴流变试验非线性模型参数辨识结果

荷载等级	偏差应力/MPa	Adj. R-Square	E_M/GPa	η_M/GPa·h	E_K/GPa	η_K/GPa·h	η_0/GPa·h	b/GPa·h
第一级	57.5	0.9986	37.58	1.18×10^5	61.17	275.14	—	—
第二级	65.2	0.9802	24.29	2.00×10^4	9.02×10^3	4.81×10^4	—	—
第三级	79.9	0.9911	22.81	1.07×10^2	5.25×10^3	2.62×10^4	1.86×10^{36}	0.19
平均值	—	0.9900	28.23	4.60×10^4	4.78×10^3	2.49×10^4	1.86×10^{36}	0.19

表 4-8 粉砂岩三轴流变试验非线性模型参数辨识结果

荷载等级	应力/MPa	Adj. R-Square	E_M/GPa	η_M/GPa·h	E_K/GPa	η_K/GPa·h	η_0/GPa·h	b/GPa·h
第一级	80.0	0.9878	14.89	9.69×10^4	435.50			
第二级	100.0	0.9959	15.66	1.80×10^4	493.68	782.65	—	—
第三级	120.0	0.9946	18.46	2.87×10^3	291.75	1578.11	—	—
平均值	—	0.9928	16.34	3.93×10^4	406.98	647.23	3.29×10^{24}	3294.89

表 4-9 细砂岩三轴流变试验非线性模型参数辨识结果

荷载等级	应力/MPa	Adj. R-Square	E_M/GPa	η_M/GPa·h	E_K/GPa	η_K/GPa·h	η_0/GPa·h	b/GPa·h
第一级	104.9	0.95778	31.71	1.30×10^7	2.60×10^3			
第二级	114.8	0.9792	31.89	1.85×10^5	2.51×10^3	3.20×10^2	—	—
第三级	125.1	0.993	31.90	1.99×10^5	3.77×10^3	4.37×10^3	—	—
第四级	135	0.9944	31.95	1.66×10^5	3.67×10^3	1.58×10^4	—	—
第五级	144.9	0.9931	32.01	2.28×10^5	2.23×10^3	1.09×10^4	—	—
第六级	155.2	0.9517	32.01	2.54×10^4	8.75×10^3	8.84×10^3	—	—
平均值	—	0.9782	31.91	2.30×10^6	3.92×10^3	2.81×10^3	2.08×10^6	11.69

　　考虑到工程实践中岩体条件的复杂性，且岩石力学试验中尚存在不确定因素，因此强调不同应力水平下流变参数的差异并不一定能够提高计算精度，故在进行流变分析时，仍假定在各级荷载下岩石流变参数均保持为常数，一般可取各级应力水平模型参数的平均值，以将不同应力水平模型参数的不确定性减弱。

4.4.2　三维方程拟合和参数辨识

　　首先确定屈服函数，认为屈服函数时线性的。由单轴和三轴流变试验可确定第一应力不变量和第二偏应力不变量，见表4-10。

表4-10　三轴蠕变屈服强度

应力	泥岩		粉砂岩		细砂岩	
σ_3/MPa	0	25	0	25	0	25
$(\sigma_1-\sigma_3)$/MPa	55.1	79.9	79.9	120	72	155.2
I_1/MPa	55.1	154.9	79.9	195	72	230.2
$J_2^{1/2}$/MPa	31.81	46.13	46.13	69.28	41.57	89.6

　　围岩屈服函数为：

泥岩：　　　　　　$F = \sqrt{J_2} - 0.143I_1 - 23.904$ 　　　　　　(4-65)

粉砂岩：　　　　　$F = \sqrt{J_2} - 0.201I_1 - 30.060$ 　　　　　　(4-66)

细砂岩：　　　　　$F = \sqrt{J_2} - 0.204I_1 - 19.711$ 　　　　　　(4-67)

　　采用非线性流变模型的蠕变方程对围岩岩样的轴向蠕变曲线进行拟合，流变力学参数的辨识结果见表4-11~表4-13。

表4-11　泥岩三轴流变试验非线性模型三维状态参数辨识结果

荷载等级	偏差应力/MPa	Adj. R-Square	K/GPa	G_M/GPa	G_K/GPa	H_M/GPa·h	H_K/GPa·h	H_0/GPa·h	b/MPa·h
第一级	57.5	0.9473	5.38	1419.75	23.90				
第二级	65.2	0.9819	4.82	44.67	74.45	27429.03	155.40		
第三级	79.9	0.9905	4.21	52.41	0.42	4773.54	4.27×10^8		
平均值	—	0.9732	4.80	505.61	32.92	27.21	1.12×10^4	1.44×10^{33}	0.84

表4-12　粉砂岩三轴流变试验非线性模型三维状态参数辨识结果

荷载等级	偏差应力/MPa	Adj. R-Square	K/GPa	G_M/GPa	G_K/GPa	H_M/GPa·h	H_K/GPa·h	H_0/GPa·h	b/MPa·h
第一级	80.0	0.9878	4.16	9.17	110.60				
第二级	100.0	0.9959	3.04	20.94	131.65	24586.18	198.72	—	—

续表 4-12

荷载等级	偏差应力/MPa	Adj. R-Square	K/GPa	G_M/GPa	G_K/GPa	H_M/GPa·h	H_K/GPa·h	H_0/GPa·h	b/MPa·h
第三级	120.0	0.9779	4.03	16.86	50.37	4802.33	420.83	—	—
平均值	—	0.9872	3.74	15.66	97.54	1600.00	114.50	44725.20	21.44

表 4-13 细砂岩三轴流变试验非线性模型三维状态参数辨识结果

荷载等级	偏差应力/MPa	Adj. R-Square	K/GPa	G_M/GPa	G_K/GPa	H_M/GPa·h	H_K/GPa·h	H_0/GPa·h	b/MPa·h
第一级	104.9	0.9345	4.19	1849.54	1138.18	2.66×10^7	546.98	—	—
第二级	114.8	0.9792	4.32	207.29	536.44	3.95×10^4	934.56	—	—
第三级	125.1	0.9930	4.15	1668.33	838.36	4.43×10^4	3505.43	—	—
第四级	135	0.9944	4.12	1833.33	840.98	3.80×10^4	2506.27	—	—
第五级	144.9	0.9931	4.29	157.41	525.19	5.36×10^4	2081.10	—	—
第六级	155.2	0.9476	4.90	122.53	16.23	6.02×10^3	3.05×10^5	1.55×10^8	113.93
平均值	—	0.9700	4.33	973.07	649.23	4.47×10^6	5.24×10^4	1.55×10^8	113.93

令三轴压缩条件下的三维方程中 $\sigma_3 = 0$，比较可得一维和三维参数的对应关系为

$$K = \frac{E_M}{3(1 - 2\mu)}, \quad G_M = \frac{E_M}{2(1 + \mu)}, \quad G_K = \frac{E_K}{3}, \quad H_M = \frac{\eta_M}{3}, \quad H_K = \frac{\eta_K}{3} \quad (4-68)$$

由一维蠕变方程推广到三维蠕变方程，推广的前提假设是材料各向同性，并且不考虑材料体积应变的流变部分，所以一般与实际的三维情况有较大的差异，一维方程和三维方程的参数辨识结果并不相同。单一地采用某种方法确定模型参数不够全面，应采用综合研究评判的办法进行模型参数选择[206]。采用试验研究、经验类比和反分析等方法定量分析参数变化，再结合蠕变的影响因素定性分析，综合评判、调整，最终确定蠕变模型参数。经过这种参数综合辨识法得到的模型参数用于岩土工程的流变数值计算分析中，才能保证计算成果的正确合理性，关于此方面的研究还有待深入进行。

4.5 围岩非线性黏弹塑性流变模型研究

4.5.1 非线性黏弹塑性模型流变方程

串联的各元件上应力相等，应变等于各元件上应变和；并联的各元件上应变相等，应力等于各元件上应力和。则

$$\sigma = \sigma_M = \sigma_K = \sigma_N$$

$$\varepsilon = \varepsilon_M + \varepsilon_K + \varepsilon_N$$

$$\dot{\varepsilon} = \dot{\varepsilon}_M + \dot{\varepsilon}_K + \dot{\varepsilon}_N$$

$$\ddot{\varepsilon} = \ddot{\varepsilon}_M + \ddot{\varepsilon}_K + \ddot{\varepsilon}_N \tag{4-69}$$

（1）当 $\sigma < \sigma_s$ 时，对于麦克斯威尔体，有

$$\dot{\varepsilon}_M = \frac{\dot{\sigma}_M}{E_M} + \frac{\sigma_M}{\eta_M} \quad \ddot{\varepsilon}_M = \frac{\ddot{\sigma}_M}{E_M} + \frac{\dot{\sigma}_M}{\eta_M} \tag{4-70}$$

对于开尔文体，有

$$\sigma_K = E\varepsilon_K + \eta_K \dot{\varepsilon}_K \quad \dot{\sigma}_K = E_K \dot{\varepsilon}_K + \eta_K \ddot{\varepsilon}_K$$

$$\ddot{\varepsilon}_K = \frac{\dot{\sigma}_K}{\eta_K} - \frac{E_K}{\eta_K} \dot{\varepsilon}_K \tag{4-71}$$

对于幂函数非线性元件，有 $\varepsilon_N = 0$，$\dot{\varepsilon}_N = 0$，$\ddot{\varepsilon}_N = 0$，所以流变本构方程为

$$\ddot{\sigma} + \left(\frac{E_M}{\eta_M} + \frac{E_M}{\eta_K} + \frac{E_K}{\eta_K} \right) \dot{\sigma} + \frac{E_K E_M}{\eta_K \eta_M} \sigma = E_M \ddot{\varepsilon} + \frac{E_M E_K}{\eta_K} \dot{\varepsilon} \tag{4-72}$$

根据对应关系，$F<0$ 时，由一维形式直接推广至三维形式的流变方程为

$$\ddot{\sigma} + \left(\frac{G_M}{H_M} + \frac{G_M}{H_K} + \frac{G_K}{H_K} \right) \dot{\sigma} + \frac{G_K G_M}{H_K H_M} \sigma = 2G_M \ddot{\varepsilon} + \frac{G_M G_K}{H_K} \dot{\varepsilon} \tag{4-73}$$

（2）当 $\sigma > \sigma_s$ 时，幂函数非线性元件开始产生变形。其本构方程为

$$\dot{\varepsilon}_N = \frac{\sigma - \sigma_s}{\eta_0} \exp\left(\frac{\sigma - \sigma_s}{b} t \right) \tag{4-74}$$

$$\ddot{\varepsilon}_N = \frac{1}{\eta_0} \left(1 + \frac{\sigma - \sigma_s}{b} t \right) \times \exp\left(\frac{\sigma - \sigma_s}{b} t \right) \times \dot{\sigma} +$$

$$\frac{(\sigma - \sigma_s)^2}{b\eta_0} \times \exp\left(\frac{\sigma - \sigma_s}{b} t \right) \tag{4-75}$$

故

$$\ddot{\varepsilon} = \frac{\ddot{\sigma}}{E_M} + \frac{\dot{\sigma}}{\eta_M} + \frac{\dot{\sigma}}{\eta_K} - \frac{E_K}{\eta_K} \dot{\varepsilon}_K + \frac{E_K}{\eta_K E_M} \dot{\sigma} + \frac{E_K}{\eta_K \eta_M} \sigma +$$

$$\frac{E_K}{\eta_K \eta_0} (\sigma - \sigma_s) \exp\left(\frac{\sigma - \sigma_s}{b} t \right) + \frac{1}{\eta_0} \left(1 + \frac{\sigma - \sigma_s}{b} t \right) \times$$

$$\exp\left(\frac{\sigma - \sigma_s}{b} t \right) \times \dot{\sigma} + \frac{(\sigma - \sigma_s)^2}{b\eta_0} \times \exp\left(\frac{\sigma - \sigma_s}{b} t \right) \tag{4-76}$$

整理得非线性流变模型本构方程为

$$\frac{\ddot{\sigma}}{E_M} + \left[\frac{1}{\eta_M} + \frac{1}{\eta_K} + \frac{E_K}{\eta_K E_M} + \frac{1}{\eta_0} \left(1 + \frac{\sigma - \sigma_s}{b} t \right) \times \exp\left(\frac{\sigma - \sigma_s}{b} t \right) \right] \dot{\sigma} +$$

$$\frac{E_K}{\eta_K \eta_M}\sigma + \frac{E_K}{\eta_K \eta_0}(\sigma - \sigma_s)\exp\left(\frac{\sigma - \sigma_s}{b}t\right) +$$

$$\frac{(\sigma - \sigma_s)^2}{b\eta_0} \times \exp\left(\frac{\sigma - \sigma_s}{b}t\right) = \ddot{\varepsilon} + \frac{E_K}{\eta_K}\dot{\varepsilon} \tag{4-77}$$

式中，σ、$\dot{\sigma}$、$\ddot{\sigma}$、$\dot{\varepsilon}$、$\ddot{\varepsilon}$ 为应力和应变以及应力和应变对时间的一阶导数和二阶导数；E 为弹性模量；η 为黏滞系数；η_0 为初始黏滞系数；b 为材料常数；σ_s 为岩石的屈服应力；下角 M、K、N 分别为麦克斯威尔体、开尔文体和非线性黏塑性体的相应参数。

对应三维形式屈服条件 $F > 0$ 时，三维流变方程为

$$\frac{\ddot{S}_{ij}}{2G_M} + \left\{\frac{1}{2H_M} + \frac{1}{2H_K} + \frac{G_K}{2H_K G_M} + \frac{1}{2H_0}\left[1 + \left(\frac{F}{F_0}\right)^m \frac{\partial F}{\partial \sigma_{ij}}\frac{t}{b}\right] \times\right.$$

$$\left.\exp\left[\left(\frac{F}{F_0}\right)^m \frac{\partial F}{\partial \sigma_{ij}}\frac{t}{b}\right]\right\}\dot{S}_{ij} + \frac{G_K}{2H_K H_M}S_{ij} + \frac{G_K}{2G_K H_0}\left(\frac{F}{F_0}\right)^m \times$$

$$\frac{\partial F}{\partial \sigma_{ij}}\exp\left[\left(\frac{F}{F_0}\right)^m \frac{\partial F}{\partial \sigma_{ij}}\frac{t}{b}\right] + \frac{\left[\left(\frac{F}{F_0}\right)^m \frac{\partial F}{\partial \sigma_{ij}}\right]^2}{2bH_0} \times$$

$$\exp\left[\left(\frac{F}{F_0}\right)^m \frac{\partial F}{\partial \sigma_{ij}}\frac{t}{b}\right] = \ddot{e}_{ij} + \frac{G_K}{H_K}\dot{e}_{ij} \tag{4-78}$$

式中，S_{ij}、$\dot{S}_{ij}$、$\ddot{S}_{ij}$、$\dot{e}_{ij}$、$\ddot{e}_{ij}$ 为偏应力和偏应变以及偏应力和偏应变对时间的一阶导数和二阶导数；G 为三维剪切模量；H 为三维黏滞系数；$\left(\dfrac{F}{F_0}\right)^m \dfrac{\partial F}{\partial \sigma_{ij}}$ 可参考式 (4-39)。

4.5.2　非线性黏弹塑性流变模型蠕变方程

当应力为常数时，求解本构方程可得蠕变方程。

(1) 当 $\sigma < \sigma_s$ 时，非线性元件不参与变形，蠕变方程为

$$\varepsilon = \frac{\sigma_c}{E_M} + \frac{t}{\eta_M}\sigma_c + \frac{\sigma_c}{E_K}(1 - e^{-\frac{E_K}{\eta_K}t}) \tag{4-79}$$

$F < 0$ 时，三维形式的蠕变方程为

$$e_{ij} = \frac{S_{ij}^c}{2G_M} + \frac{S_{ij}^c}{2H_M}t + \frac{S_{ij}^c}{2G_K}(1 - e^{-\frac{E_K}{H_K}t}) \tag{4-80}$$

(2) 当 $\sigma > \sigma_s$ 时，蠕变方程为

$$\varepsilon = \frac{\sigma_c}{E_M} + \frac{\sigma_c}{\eta_M}t + \frac{\sigma_c}{E_K}(1 - e^{-\frac{E_K}{\eta_K}t}) + \frac{b}{\eta_0} \times \exp\left(\frac{\sigma_c - \sigma_s}{b}t\right) \tag{4-81}$$

式中，$\dfrac{\sigma_c}{E_M}$ 为瞬时弹性应变；$\dfrac{\sigma_c}{\eta_M}t + \dfrac{b}{\eta_0} \times \exp\left(\dfrac{\sigma_c - \sigma_s}{b}t\right)$ 为不可恢复应变，即黏性流

动；$\dfrac{\sigma_c}{E_K}(1 - e^{-\frac{E_K}{\eta_K}t})$ 为可恢复应变。

当 $t = 0$ 时，$\varepsilon = \dfrac{\sigma_c}{E_M}$，只有弹性变形；

当 $t \to \infty$ 时，$\varepsilon \to \infty$，属于不稳定蠕变。

$F > 0$ 的三维形式的蠕变方程为

$$e_{ij} = \frac{S_{ij}^c}{2G_M} + \frac{S_{ij}^c}{2H_M}t + \frac{S_{ij}^c}{2G_K}(1 - e^{-\frac{E_K}{\eta_K}t}) + \frac{b}{2H_0} \times \exp\left[\left(\frac{F}{F_0}\right)^m \frac{\partial F}{\partial \sigma_{ij}}\frac{t}{b}\right] \quad (4-82)$$

4.5.3　非线性黏弹塑性流变模型松弛方程

$t = 0$ 时，施加常应变 ε_c，则有 $\dot{\varepsilon} = 0$，$\ddot{\varepsilon} = 0$，初始应力 $\sigma_0 = E_M\varepsilon_c$。由流变方程求解可得松弛方程。

（1）当 $\sigma < \sigma_s$ 时，有

$$\ddot{\sigma} + \left(\frac{E_M}{\eta_K} + \frac{E_M}{\eta_M} + \frac{E_K}{\eta_K}\right)\dot{\sigma} + \frac{E_K E_M}{\eta_K \eta_M}\sigma = 0 \quad (4-83)$$

利用初始条件 $t \to \infty$，$\sigma \to 0$，求解可得松弛方程为

$$\sigma(t) = \frac{p_2\varepsilon_c}{A}\left[(q_1 - q_2 r_1)e^{-r_1 t} - (q_1 - q_2 r_2)e^{-r_2 t}\right] \quad (4-84)$$

式中，$A = \sqrt{p_1^2 - 4p_2}$，$p_1 = \dfrac{\eta_1}{E_1} + \dfrac{\eta_2}{E_2} + \dfrac{\eta_1}{E_2}$，$p_2 = \dfrac{\eta_1\eta_2}{E_1 E_2}$，$q_1 = \eta_1$，$q_2 = \dfrac{\eta_1\eta_2}{E_2}$，$r_1 = \dfrac{p_1 - A}{2p_2}$，$r_2 = \dfrac{p_1 + A}{2p_2}$。

$F < 0$ 时的三维形式的松弛方程为

$$S_{ij}(t) = \frac{p_2 e_{ij}^c}{A}\left[(q_1 - q_2 r_1)e^{-r_1 t} - (q_1 - q_2 r_2)e^{-r_2 t}\right] \quad (4-85)$$

式中，$A = \sqrt{p_1^2 - 4p_2}$，$p_1 = \dfrac{H_K}{G_K} + \dfrac{H_M}{G_M} + \dfrac{H_K}{G_M}$，$p_2 = \dfrac{H_K H_M}{G_K G_M}$，$q_1 = 2H_K$，$q_2 = 2\dfrac{H_K H_M}{G_M}$，$r_1 = \dfrac{p_1 - A}{2p_2}$，$r_2 = \dfrac{p_1 + A}{2p_2}$。

（2）当 $\sigma_0 > \sigma_s$ 时，有

$$\frac{\ddot{\sigma}}{E_M} + \left[\frac{1}{\eta_M} + \frac{1}{\eta_K} + \frac{E_K}{\eta_K E_M} + \frac{1}{\eta_0}\left(1 + \frac{\sigma - \sigma_s}{b}t\right) \times \exp\left(\frac{\sigma - \sigma_s}{b}t\right)\right]\dot{\sigma} +$$

$$\frac{E_{\mathrm{K}}}{\eta_{\mathrm{K}}\eta_{\mathrm{M}}}\sigma + \frac{E_{\mathrm{K}}}{\eta_{\mathrm{K}}\eta_0}(\sigma - \sigma_{\mathrm{s}})\exp\left(\frac{\sigma - \sigma_{\mathrm{s}}}{b}t\right) + \frac{(\sigma - \sigma_{\mathrm{s}})^2}{b\eta_0}\times\exp\left(\frac{\sigma - \sigma_{\mathrm{s}}}{b}t\right) = 0$$

$$(4\text{-}86)$$

松弛方程形式比较复杂，解析解不易求出，本书采用四阶龙格-库塔法给出 20000 个小时的数值解，反映应力松弛的规律。取 $\sigma_0 = 70\mathrm{MPa}$，$\sigma_{\mathrm{s}} = 50\mathrm{MPa}$，$E_{\mathrm{M}} = 70\mathrm{MPa}$，$E_{\mathrm{K}} = 10000\mathrm{MPa}$，$\eta_{\mathrm{K}} = 30000\mathrm{MPa\cdot h}$，$\eta_{\mathrm{M}} = 100000\mathrm{MPa\cdot h}$，$\eta_0 = 10000\mathrm{MPa\cdot h}$，$b = 10\mathrm{MPa\cdot h}$，$t = 20000\mathrm{h}$，松弛曲线如图 4-19 所示。由图 4-19 可知，在开始的 50 个小时里，应力松弛的速度比较快，随后速度减慢，当应力 $t\to\infty$ 时，$\sigma\to0$，属于完全松弛。对 20000h 时间内的松弛曲线采用指数函数进行拟合，结果为

$$\sigma(t) = 20.64\exp(-t/4.74) + 51.36\exp(-t/1901.82) + 0.0051 \qquad (4\text{-}87)$$

拟合相似度为 0.99987。

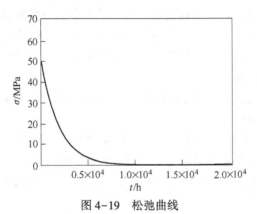

图 4-19　松弛曲线

4.5.4　非线性黏弹塑性流变模型卸载方程

在 $t = t_{\mathrm{c}}$ 时卸载，则 $\sigma = 0$，$\dot{\sigma} = 0$，$\ddot{\sigma} = 0$，代入流变方程可得卸载方程。

(1) 当 $\sigma < \sigma_{\mathrm{s}}$ 时，卸载方程为

$$\varepsilon = \frac{t_{\mathrm{c}}}{\eta_{\mathrm{M}}}\sigma_{\mathrm{c}} + \frac{\sigma_{\mathrm{c}}}{E_{\mathrm{K}}}(1 - e^{-\frac{E_{\mathrm{K}}}{\eta_{\mathrm{K}}}t_{\mathrm{c}}})e^{\frac{E_{\mathrm{K}}}{\eta_{\mathrm{K}}}(t_{\mathrm{c}}-t)} \qquad (4\text{-}88)$$

$F<0$ 时的三维形式卸载方程为

$$e_{ij} = \frac{t_{\mathrm{c}}}{2H_{\mathrm{M}}}S_{ij}^{\mathrm{c}} + \frac{S_{ij}^{\mathrm{c}}}{2G_{\mathrm{K}}}(1 - e^{-\frac{G_{\mathrm{K}}}{H_{\mathrm{K}}}t_{\mathrm{c}}})e^{\frac{G_{\mathrm{K}}}{H_{\mathrm{K}}}(t_{\mathrm{c}}-t)} \qquad (4\text{-}89)$$

(2) 当 $\sigma > \sigma_{\mathrm{s}}$ 时，由流变方程可得由 Burgers 体和黏塑性体卸载方程叠加就可得到非线性模型的卸载方程。黏塑性体在卸载瞬间模型停留在当时的位置，应变为

$$\varepsilon_{N} = \frac{b}{\eta_{0}}\left[\exp\left(\frac{\sigma_{c} - \sigma_{s}}{b}t_{c}\right) - 1\right] \tag{4-90}$$

式（4-88）和式（4-90）叠加即可卸载方程为

$$\varepsilon = \frac{t_{c}}{\eta_{M}}\sigma_{c} + \frac{\sigma_{c}}{E_{K}}(1 - e^{-\frac{E_{K}}{\eta_{K}}t_{c}})e^{\frac{E_{K}}{\eta_{K}}(t_{c}-t)} + \frac{b}{\eta_{0}}\left[\exp\left(\frac{\sigma_{c} - \sigma_{s}}{b}t_{c}\right) - 1\right] \tag{4-91}$$

$F>0$ 时的三维形式卸载方程为

$$e_{ij} = \frac{t_{c}}{2H_{M}}\sigma_{c} + \frac{\sigma_{c}}{2G_{K}}(1 - e^{-\frac{G_{K}}{H_{K}}t_{c}})e^{\frac{G_{K}}{H_{K}}(t_{c}-t)} + \frac{b}{2H_{0}}\left\{\exp\left[\left(\frac{F}{F_{0}}\right)^{m}\frac{\partial F}{\partial \sigma_{ij}}\frac{t_{c}}{b}\right] - 1\right\}$$

$$\tag{4-92}$$

4.6 本章小结

基于围岩岩样的三轴压缩流变试验结果，首先采用线性黏弹性流变模型和线性黏弹塑性流变模型对岩样的蠕变曲线进行了拟合和参数辨识，分析了线性模型的不足，然后在此基础上将非线性黏塑性模型与线性蠕变模型串联建立了非线性黏弹塑性流变模型，并采用新的非线性流变模型对岩样的蠕变曲线进行了拟合和参数辨识。研究结论如下：

（1）对线性流变模型和非线性流变模型的建立方法进行了总结，提出建立黏弹塑性模型的理论依据。

（2）采用线性的 Burgers 黏弹性流变模型的蠕变方程对泥岩、粉砂岩、细砂岩的蠕变曲线进行了拟合和参数辨识。当应力水平低于屈服应力时，线性的 Burgers 黏弹性流变模型的拟合效果良好；当应力水平高于屈服应力时，拟合效果较差。

（3）将 Burgers 黏弹性流变模型与黏塑性元件串联形成线性黏弹塑性流变模型，并用于高于屈服应力的蠕变曲线的拟合。结果表明，线性黏弹塑性模型的拟合相似度有所提高，但是对加速阶段的蠕变曲线拟合效果不理想。

（4）提出改进的和应力以及时间有关的指数函数形式的非线性黏塑性元件，将之与 Burgers 流变模型串联形成能够模拟岩石三阶段蠕变特性的六元件组合模型，并对有加速阶段的蠕变曲线进行拟合，确定了力学参数，拟合效果理想，验证了模型的合理性。

（5）对新的六元件非线性黏弹塑性流变模型进行了研究，推导了其一维形式和三维形式的流变方程、蠕变方程和卸载方程，并给出了松弛方程基于四阶龙格-库塔法的数值解和拟合函数。

5 朱集煤矿巷道变形的数值模拟研究

前面的章节对朱集煤矿深井巷道的围岩进行了系统的试验和理论研究，本章将基于六元件非线性黏弹塑性模型，建立围岩非线性流变的数值分析方法，应用研制的非线性黏弹塑性流变数值程序，对朱集煤矿 1112（1）运输顺槽顶板高抽巷工程进行三维黏弹塑性流变数值模拟，以分析岩石流变特性对深井巷道工程变形的影响规律，从而为巷道工程的长期稳定和安全提供合理的建议和评价。

5.1 FLAC³ᴰ数值模拟软件介绍

FLAC³ᴰ即三维快速拉格朗日法（Fast Lagrangian Analysis of Continua in 3Dimensions），是三维数值分析软件，是目前岩土力学计算中的重要数值方法之一，可以用于模拟三维土体、岩体或其他材料力学特性，尤其是达到屈服极限的塑性流变特性，广泛应用于岩土工程、土木工程、水利工程、交通工程等领域[207]。

FLAC³ᴰ内置 12 种岩土本构模型以适应各种工程分析的需要，包括零模型（null）、3 个弹性模型和 8 个塑性模型，在 FLAC³ᴰ中，有多种执行本构模型的方式，其中，通过命令 MODEL 调用内置模型或用户自定义模型是其中的标准方式。在 FLAC³ᴰ启动时，内置本构模型即作为动态链接库（dll）载入[207]。该软件允许用户在 VC++的环境下将自定义的本构模型编译成动态链接库 dll 文件，由主程序调用执行，实现本构模型的二次开发。正是由于 FLAC³ᴰ采用 dll 文件来调用本构模型，所以用户编写的本构模型和软件自带的本构模型在执行效率上可基本处于同一水平。另外，FLAC³ᴰ向用户提供了所有自带本构模型的源代码，这就给用户提供了一个较为便利的开发环境。

5.2 非线性黏弹塑性模型实现的计算原理

六元件非线性黏弹塑性流变模型由 3 部分组成，分别为 Kelvin 体、Maxwell 体和非线性黏塑性体，其三维蠕变方程写为应力与应变偏量增量的形式为

$$\Delta e_{ij} = \Delta e_{ij}^{K} + \Delta e_{ij}^{M} + \Delta e_{ij}^{P} \tag{5-1}$$

式中，上角 K、M、P 分别为 Kelvin 体、Maxwell 体和非线性黏塑性体对应的量；Δe_{ij} 为偏应变增量。

对于 Kelvin 体有

$$S_{ij} = 2H_K \dot{e}_{ij}^K + 2G_K e_{ij} \tag{5-2}$$

式中，e_{ij}、$\dot{e}_{ij}$ 分别为偏应变、偏应变对时间的一阶导数。

即

$$\bar{S}_{ij} \Delta t = 2H_K \Delta e_{ij}^K + 2G_K \bar{e}_{ij}^K \Delta t \tag{5-3}$$

$$\bar{S}_{ij} = \frac{S_{ij}^N + S_{ij}^O}{2}, \quad \bar{e}_{ij}^K = \frac{e_{ij}^{K,N} + e_{ij}^{K,O}}{2}, \quad \Delta e_{ij}^K = e_{ij}^{K,N} - e_{ij}^{K,O} \tag{5-4}$$

式中，上角 N、O 表示新值、旧值。

则

$$e_{ij}^{K,N} = \frac{1}{A} \left[B e_{ij}^{K,O} + \frac{\Delta t}{4H_K} (S_{ij}^N + S_{ij}^O) \right] \tag{5-5}$$

式中，$A = 1 + \dfrac{G_K}{2H_K} \Delta t$，$B = 1 - \dfrac{G_K}{2H_K} \Delta t$，$e_{ij}^{K,N}$、$e_{ij}^{K,O}$ 为 Kelvin 体偏应变的新值和旧值。

对于 Maxwell 体有

$$\Delta e_{ij}^M = \frac{\Delta S_{ij}}{2G_M} + \frac{\bar{S}_{ij}}{2H_M} \Delta t \tag{5-6}$$

对于非线性黏塑性体，采用联合流动法则，有

$$\varepsilon_{ij}^P = \frac{b}{2H_0} \left[\exp\left(\left| \frac{F}{F_0} \right|^m \frac{\partial F}{\partial \sigma_{ij}} \frac{t}{b} \right) - 1 \right] \tag{5-7}$$

式中

$$\left\langle \frac{F}{F_0} \right\rangle = \begin{cases} 0, & F < 0 \\ \dfrac{F}{F_0}, & F > 0 \end{cases} \tag{5-8}$$

取 $m = 1$，$F = 1$，则

$$\varepsilon_{ij}^P = \frac{b}{2H_0} \left[\exp\left(\langle F \rangle \frac{\partial F}{\partial \sigma_{ij}} \frac{t}{b} \right) - 1 \right] \tag{5-9}$$

$$\Delta e_{ij}^P = \frac{b}{2H_0} \left[\exp\left(\langle F \rangle \frac{\partial F}{\partial \sigma_{ij}} \frac{t}{b} \right) - 1 \right] - \frac{\Delta e_{kk}^P}{3} \delta_{ij} \tag{5-10}$$

式中，Δe_{kk}^P 为非线性黏塑性体的球应变偏量，形式为

$$\Delta e_{kk}^P = \frac{b}{2H_0} \left[\exp\left(\langle F \rangle \frac{\partial F}{\partial \sigma_{11}} \frac{t}{b} \right) + \exp\left(\langle F \rangle \frac{\partial F}{\partial \sigma_{22}} \frac{t}{b} \right) + \exp\left(\langle F \rangle \frac{\partial F}{\partial \sigma_{33}} \frac{t}{b} \right) - 3 \right] \tag{5-11}$$

屈服准则可采用 Druck-Prager 准则，表达式可参考式（4-42）。

根据非线性黏弹塑性流变模型的应力应变增量的表达式，采用 VC++6.0 编写程序代码，通过 FLAC³D软件提供的 UDM 接口程序将新模型嵌入到软件中。

5.3 三轴流变特性试验数值模拟

为验证研制的非线性黏弹塑性流变数值模拟程序的正确性，对细砂岩三轴流变特性进行数值模拟，并将数值计算结果与三轴流变试验进行对比，确定程序的合理性。

5.3.1 参数选取和数值模型的建立

数值模拟采用与细砂岩试件相同加载条件的三轴蠕变数值模拟，计算参数根据三轴流变试验参数辨识的结果确定，取 $K = 18.99\text{GPa}$，$G_M = 13.08\text{GPa}$，$G_K = 1306.67\text{GPa}$，$H_M = 766666.67\text{GPa} \cdot \text{h}$，$H_K = 2390.00\text{GPa} \cdot \text{h}$，$H_0 = 69321.52\text{GPa} \cdot \text{h}$，$b = 11.69\text{GPa} \cdot \text{h}$，$\varPhi = 40.00°$，$c = 33.29\text{MPa}$。围压取 25MPa，分别对模型施加一到六级荷载，偏差应力分别为 104.9MPa、114.8MPa、125.1MPa、135.0MPa、144.9MPa 和 155.2MPa。

数值计算模型的尺寸与室内蠕变试件的尺寸相同，高度为 100mm，直径为 50mm，共划分成 1000 个单元，1111 个节点。顶部施加竖向荷载，圆柱四周施加围压。数值模型底部采用竖向位移约束，侧向不施加任何边界条件，模型如图 5-1所示。

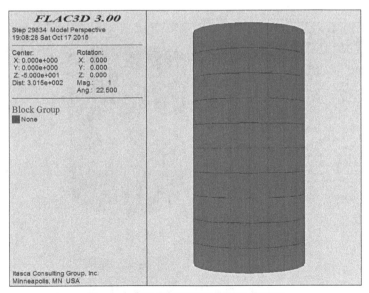

图 5-1 三轴压缩蠕变数值试验模型图

5.3.2 数值模拟结果分析

进行六级不同应力水平下的蠕变数值计算。数值计算结果主要记录数值模型在蠕变过程中竖向和侧向发生的位移，分别对试件顶部中心节点 A（0，0，0）、侧向顶部节点 B（25，0，0）、中部节点 C（0，0，−50）和底部节点 D（0，0，−100）的轴向或径向变形进行监测。

运用 hist write 命令将监测点的变形值导入文本书件，根据不同应力水平下的数值试验计算结果，换算得到监测节点相对应的轴向应变值和试验曲线的对比如图 5-2 所示，以第四级荷载为例，位移云图如图 5-3 所示。

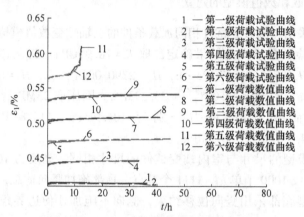

图 5-2   非线性流变数值程序模拟曲线

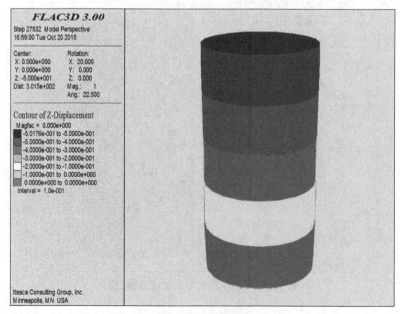

图 5-3   位移云图

由图 5-2 可见，无论是应变量值还是蠕变整体变化趋势，数值结果与室内蠕变试验结果都较为相似。在蠕变的整体变化趋势上，数值蠕变曲线在加载瞬间有一个瞬时变形；当施加的应力水平较低时，轴向应变经衰减蠕变逐步过渡到稳定蠕变阶段，应变值不再随时间的增加而增大；当施加的应力水平超过该应力阀值时，蠕变曲线体现出明显的衰减和等速蠕变两阶段，应变值随时间的增加而增大。由此可说明由自定义的非线性模型开发的程序是适用的。

5.4 深井巷道围岩流变数值模拟

5.4.1 参数选取和数值模型的建立

岩石流变参数的选取是数值模拟中比较复杂的问题。众所周知，现场试验和室内试验的岩石材料区别较大，工程中的岩体往往包含有大量的节理裂隙等缺陷，还受到外界环境如地下水、温度、湿度、瓦斯以及相邻工程次生应力的影响，相对于室内试验的岩石材料其流变特性更加显著。本次数值模拟试验所用岩石力学参数参考三轴流变试验蠕变曲线拟合参数的结果、类似试验以及实际工程背景，在试验、监测和综合类比的基础上确定，岩体的强度参数相对于试验室岩石试验力学参数进行相应的强度折减，经过人为修正后岩石材料的物理力学参数见表5-1。

表 5-1　模拟计算选用的力学参数

岩性	K/GPa	G_M/GPa	G_K/GPa	$H_M/GPa·d$	$H_K/GPa·d$	$H_0/GPa·d$	$b/GPa·d$	$\Phi/(°)$	c/MPa
泥岩	5	22	25	20	60	46	10	27	1
粉砂岩	12	24	32	30	68	72	12	30	2
细砂岩	26	30	45	40	75	94	85	32	2.5

根据工程概况建立三维数值模型，巷道埋深900m，本模型中，坐标系按如下规定：垂直于巷道掘进方向为X轴，平行巷道掘进方向为Y轴，铅直方向即重力方向为Z轴。根据这一坐标系规定，本次数值模拟计算模型X轴方向的长度为60m，Y轴方向的长度为120m，沿Z轴方向的高度为60m。圆拱直墙形巷道，巷道跨度5m，边墙高1.6m，巷道位于模型的中央位置，模拟巷道的尺寸为$B×H=5000mm×4100mm$，自重应力取25MPa。边界条件为：在模型的四个侧面采用法向约束，顶面即地表为应力和位移自由边界，底边界施加水平及垂直约束。为了简化工作量，将岩层力学性质、分布情况相近的合并，把岩性相似的岩层划分为一层，共模拟了4层不同岩性岩层，如图5-4所示。

根据地质岩层情况，划分网格时尽可能在巷道掘进的范围内使网格尺寸足够小，并且形状规则，不出现畸形单元。同时由于计算模型整体规模较大，又使总体单元不超出计算硬件的控制。根据以上两个原则，在巷道附近每1.25～1.6m

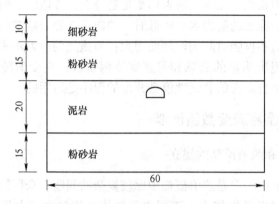

图 5-4 巷道数值模拟岩层分布

划分一个网格，其他部分网格大小控制在 2m 左右。最终模型的单元总数为 142000 个，节点总数为 147951 个，巷道开挖之后模型图如图 5-5 所示。

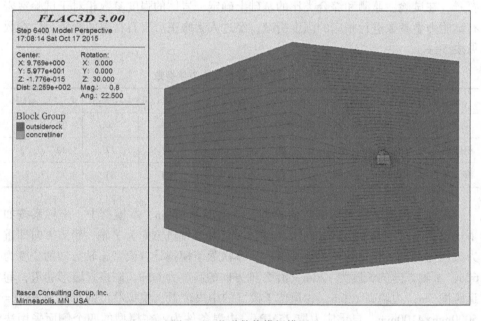

图 5-5 巷道数值模拟模型

本次数值模拟首先计算巷道开挖之前的应力场及位移场，即原始地应力场。达到初始平衡后开挖巷道，每一步巷道掘进 10m，待巷道计算至平衡后，再进行下一步的掘进工作。整个模拟共掘进 12 次，掘进巷道 120m。锚喷支护为紧跟迎头施工，锚杆为全长锚固的金属锚杆，垂直于洞壁布设，锚杆之间的间排距为 800mm×800mm，长度 2.5m，直径 25mm。一个断面共施加 15 根锚杆，同时也在巷道的两帮及顶部喷射100mm的混凝土喷层，标号为C20。巷道掘进中锚杆和锚索支护采用锚索（cable）单元进行模拟，混凝土喷层采用壳（shell）单元进行模拟。支护模型如图5-6所示。

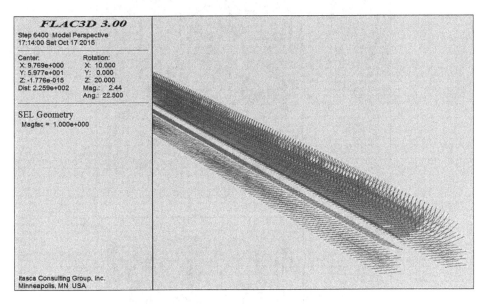

图5-6　巷道支护模型

5.4.2　FLAC[3D]数值模拟结果分析

5.4.2.1　弹塑性模型数值模拟

选取巷道长度方向距端面分别为20m、60m、100m的断面1、断面2和断面3进行监测，每个断面选择顶板、底板和侧帮三个监测点，监测顶板和底板的竖向位移以及侧帮的水平位移，监测结果见表5-2。断面顶底板竖向位移云图和侧帮水平位移云图如图5-7所示（以断面1为例）。

表5-2　巷道断面弹塑性位移

监测位置	顶板竖向位移/mm	底板竖向位移/mm	侧帮水平位移/mm
断面1	5.58	6.85	6.48
断面2	5.58	6.86	6.48
断面3	5.59	6.86	6.49

不考虑蠕变而仅考虑弹塑性时，各断面的顶板竖向位移约为5.6mm，底板竖向位移约为6.9mm，侧帮水平方向位移约为6.5mm，巷道位移量较小。

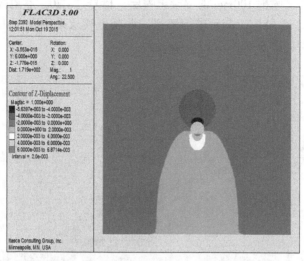

(a)

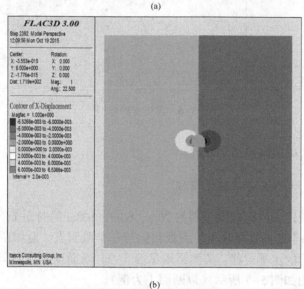

(b)

图 5-7　竖向和水平位移云图

（a）竖向；（b）水平

5.4.2.2　非线性黏弹塑性模型数值模拟

根据开发的非线性黏弹塑性流变模型模拟程序对巷道开挖后变形量随时间的变化规律进行研究，模拟了巷道开挖后 100 天各断面检测点的位移变化量，见表 5-3~表 5-5，表中的数值已减去弹塑性变形量。以三个断面中的断面 1 为例，其监测点变形曲线如图 5-8~图 5-10 所示，位移云图如图 5-11 所示。

表 5-3 巷道围岩断面 1 监测点黏弹塑性位移

时间/d	顶板累积位移量/mm	侧帮累积位移量/mm	底板累积位移量/mm
1	1.927	2.44	3.147
5	6.316	6.58	9.759
10	11.51	12.19	18.21
20	16.53	21.92	32.97
30	18.18	28.68	47.43
40	19.12	34.35	62.4
50	19.71	39.87	78.54
60	19.86	43.52	90.39
70	19.87	47.61	100.55
80	19.87	50.06	116.20
90	19.88	52.52	129.70
100	19.88	53.77	139.10

表 5-4 巷道围岩断面 2 监测点黏弹塑性位移

时间/d	顶板累积位移量/mm	侧帮累积位移量/mm	底板累积位移量/mm
1	2.02	2.33	3.09
5	6.61	6.78	10.09
10	11.77	11.84	17.83
20	16.70	21.84	35.48
30	18.26	28.61	48.64
40	19.12	34.28	63.35
50	19.64	39.78	79.28
60	19.73	43.42	91.03
70	19.69	47.48	106.10
80	19.71	49.91	116.80
90	19.72	52.34	130.20
100	19.72	53.58	139.60

表 5-5 巷道围岩断面 3 监测点黏弹塑性位移

时间/d	顶板累计竖向位移量/mm	侧帮累计水平位移量/mm	底板累计竖向位移量/mm
1	2.13	2.42	3.56
5	6.56	6.43	10.87
10	10.99	11.21	19.09

时间/d	顶板累计竖向位移量/mm	侧帮累计水平位移量/mm	底板累计竖向位移量/mm
20	16.61	21.12	36.13
30	18.09	27.99	50.30
40	18.89	33.77	67.43
50	19.32	39.33	80.47
60	19.37	43.00	92.12
70	19.38	47.07	107.10
80	19.39	49.50	117.70
90	19.39	51.91	131.10
100	19.39	53.19	140.50

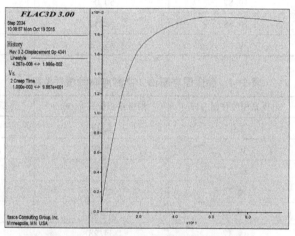

图 5-8 巷道断面 1 顶板竖向位移曲线

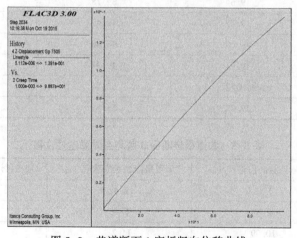

图 5-9 巷道断面 1 底板竖向位移曲线

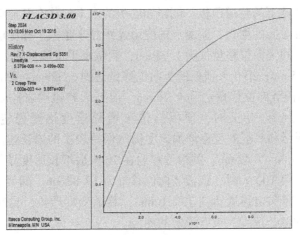

图 5-10 巷道断面 1 侧帮水平位移曲线

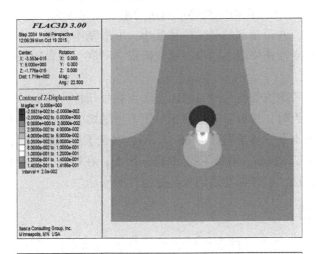

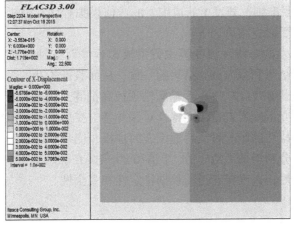

图 5-11 巷道断面 1 竖向和水平位移云图

锚喷支护条件下的巷道顶板、侧帮和底板的水平位移在开始时较小，但变化速度较快，随着时间的增长，监测点的变形差距越来越大。扣除瞬时弹塑性位移后，第 1 天顶板的竖向位移量仅为 1.93mm，侧帮水平位移量为 2.44mm，底板竖向位移量为 3.15mm；第 5 天顶板的竖向位移量达到 6.32mm，侧帮水平位移量达到 6.58mm，底板竖向位移量达到 9.76mm。前五天巷道围岩监测点每天的变形达到 1~2mm。到第 30 天时，顶板的位移增长速度逐渐稳定，位移量达到 18.18mm，而侧帮和底板的位移增加速度仍然保持较快的增长速度，位移量分别达到了 28.68mm 和 47.43mm。侧帮位移约在 70 天后增长速度显著减缓，表现出明显稳定趋势。第 100 天时，顶板竖向位移量为 19.88mm，侧帮水平位移量达到 53.77mm，底板竖向位移量达到 139.10mm，巷道变形严重，且底板竖向位移速度仍保持较高的增长速度，没有稳定的趋势。

由以上分析可知，巷道底板的竖向位移最大，增长速度最快，每天的增长量均为 1~2mm，且尚未出现稳定趋势；侧帮的水平位移较大，增长速度逐渐减缓，有明显稳定趋势；巷道顶部的竖向位移最小，变形基本稳定。顶板和侧帮表现出衰减蠕变阶段和变形速率较小的稳态蠕变阶段，而底板则表现出变形速率较大的稳态蠕变阶段。

巷道围岩在考虑流变特性时，断面监测点黏弹塑性位移随时间的增长而显著增大。在第 100 天时，顶板竖向位移相对于不考虑蠕变时增加了 14.30mm，增长了约 3 倍；侧帮水平位移量增加了 46.92mm，增长了近 7 倍；底板竖向位移量增加最多，约为 132.62mm，增长了约 20 倍。因此，在确定支护方案时，应充分考虑围岩的流变特性，以确保巷道的长期稳定性和安全性。

5.5　本章小结

本章基于建立的六元件非线性黏弹塑性模型增量形式的本构方程，采用 Druck-Prager 屈服准则，开发了巷道围岩的数值模拟程序，分析了巷道围岩的长期变形规律。主要研究结论如下：

（1）采用开发的非线性流变模型数值模拟程序对三轴压缩流变试验进行了数值模拟，模拟结果和室内试验结果的一致，从而验证了开发程序的适用性。

（2）对朱集煤矿 1112（1）运输顺槽顶板高抽巷工程进行了三维黏弹塑性流变数值模拟，研究了围岩岩石流变特性对深井巷道变形的影响规律。研究结果表明，在考虑流变特性的影响时，巷道围岩的顶板、侧帮和底板的变形相对于不考虑流变时的变形分别增加了约 3 倍、7 倍和 20 倍，在确定支护方案时，应充分考虑围岩的流变特性，以确保巷道的长期稳定性和安全性。

6 结论与展望

6.1 结论

本书利用 TAW-2000 岩石三轴压力试验机和 TAW-2000M 岩石多功能试验机对淮南矿业集团朱集煤矿千米深井巷道围岩进行了常规力学特性和流变力学特性的单轴和三轴试验，基于对试验结果的分析研究，建立了能够模拟岩石三阶段蠕变特性的六元件非线性组合模型，推导了该模型的本构方程，并对试验曲线进行拟合，获得了围岩岩样流变模型参数；利用 FLAC³ᴰ 有限差分软件对巷道围岩的长期变形进行数值模拟，预测了巷道的长期稳定性。取得的主要结论和成果如下：

（1）常规单轴和三轴压缩条件下，围岩岩样的宏观破坏形态和破坏程度差异较大。单轴压缩时围岩岩样的破坏形式主要表现为整体的张拉破坏，并伴有一定程度的局部剪切破坏，宏观裂纹开展有限，岩样能够保持完整的形状。三轴压缩条件下，围岩岩样破坏形式比较复杂，破坏程度较单轴条件严重。围岩岩样的峰值强度、峰值应变、弹性模量和围压基本为线性关系。在相同围压条件下，围岩中的泥岩峰值应力和弹性模量最小，粉砂岩次之，细砂岩最大；泥岩峰值轴向应变和峰值侧向应变最大，细砂岩变形最小，粉砂岩介于两者之间。有围压时，围岩岩样的泊松比明显提高，但和围压的关系不明确。

（2）围岩岩样单轴和三轴压缩流变试验中，岩样的轴向变形和侧向变形由瞬时弹性变形和蠕变变形组成。当施加的应力水平较低时，轴向蠕变曲线和侧向蠕变曲线由衰减蠕变过渡为稳态蠕变；当应力水平超过屈服阈值时，蠕变曲线由衰减蠕变进入等速蠕变阶段以及加速蠕变阶段。围岩岩样在单轴和三轴压缩流变条件下，各级荷载下的弹性模量波动较小，有一定增大趋势。有围压时各围岩岩样的弹性模量平均值均比无围压时的数值显著增加。

（3）单轴和三轴压缩流变条件下，围岩岩样的轴向和侧向由蠕变而产生的变形在总体变形中所占比例随荷载水平的提高而呈现增大趋势。单轴流变压缩条件下，围岩岩样的轴向变形均以加载期间瞬时变形为主，流变性质不明显；侧向变形均以蠕变变形为主，流变性质明显。三轴流变压缩条件下，岩石的轴向和侧向蠕变性质均较单轴条件下显著。围岩岩样单轴和三轴压缩流变的轴向和侧向蠕变速率曲线在低应力水平时有衰减阶段和稳态阶段，稳态蠕变速率有随应力水平提高而增大的趋势；当应力水平高于屈服阈值时，蠕变速率曲线在衰减阶段和稳态阶段后可出现加速阶段，此时的稳态蠕变速率一般比低应力水平下的蠕变速率提高一个数量级。

（4）在单轴应力状态下，围岩岩样在破坏时均表现为明显的体积扩容或有显著的体积扩容趋势。在高围压状态下，泥岩、粉砂岩和细砂岩的侧向应变增加明显，体积扩容现象更加突出。在围压和流变特性的共同作用下，岩样开裂更彻底，破坏更严重。围岩岩样在单轴常规压缩破坏后完整，在三轴常规压缩破坏后形状较完整，在单轴流变压缩破坏后基本完整，在三轴流变压缩破坏后不能保持完整的形状。

（5）采用线性黏弹性流变模型和线性黏弹塑性流变模型的蠕变方程对泥岩、粉砂岩、细砂岩的蠕变曲线进行了拟合和参数辨识。结果表明，当应力水平低于屈服应力时，两种线性流变模型的拟合效果良好；当应力水平高于屈服应力时，两种线性流变模型拟合效果均较不理想。鉴于此，提出改进的和应力以及时间有关的指数函数形式的非线性黏塑性元件，将之与 Burgers 流变模型串联形成能够模拟岩石三阶段蠕变特性的六元件组合模型，并分别采用一维和三维形式的蠕变方程对蠕变曲线进行拟合，确定了一维和三维模型的力学参数，验证了模型的合理性。对新的六元件非线性黏弹塑性流变模型进行了研究，推导了其流变方程和松弛方程，并给出了松弛方程基于四阶龙格-库塔法的数值解和拟合函数。

（6）基于非线性模型参数辨识结果，采用 FLAC^{3D} 有限差分软件进行数值模拟，将围岩岩样流变力学特性的试验和理论研究成果应用于朱集煤矿 1112（1）运输顺槽顶板高抽巷工程实践中，预测了复杂应力状态下岩石工程的长期变形和稳定性。

6.2 研究创新点

本研究主要形成以下创新点：

（1）通过常规单轴压缩和三轴压缩试验，获得了千米深井巷道围岩的强度、变形、弹性模量、泊松比、黏聚力和内摩擦角等基本力学参数，分析了压缩条件和围压对围岩岩样的峰值强度、峰值应变、弹性模量和泊松比的影响规律。

（2）通过单轴和三轴流变特性试验，获得了千米深井巷道围岩岩样不同流变状态和应力水平下的轴向和侧向蠕变曲线，分析了围岩的流变力学特性，揭示了高围压和流变特性对围岩岩样变形和破坏形式的影响规律。

（3）提出了改进的指数型黏塑性元件，建立了能够模拟岩石三阶段蠕变特性的六元件非线性组合模型，推导了其一维形式和三维形式的蠕变方程、流变方程和卸载方程，并给出了松弛方程基于四阶龙格-库塔法的数值解和拟合函数。

6.3 展望

本书主要运用试验研究、理论分析、数值模拟等手段，研究了深井巷道围岩岩样在不同应力状态和应力水平下的流变力学特性，得到了一些研究成果，但由于围岩的变形及随时间的演化过程非常复杂，在研究中也发现了一些问题，有待做进一步研究：

（1）巷道变形受到多方面因素的影响，有必要开展考虑含水率、渗流、温度、瓦斯等因素与流变的耦合影响的试验研究。

（2）限于取样条件和试验条件，本书仅进行了单轴和 25MPa 围压的压缩蠕变试验，应进一步开展卸载试验、应力松弛试验以及不同加载路径下、不同围压的蠕变试验，并适当开展原位试验，全面反映岩石流变特性。

（3）采用损伤断裂力学理论，建立考虑损伤和断裂耦合的非线性本构方程。

（4）探寻一维流变模型参数和三维模型参数的辨识方法、变化规律。

（5）开发大型岩石工程非线性流变数值计算程序，为岩土工程非线性流变数值分析提供工具。

参 考 文 献

[1] 孙钧. 岩土材料流变及其工程应用 [M]. 北京：中国建筑工业出版社，1999：15~562.

[2] 郑雨天. 岩石力学的弹黏塑性理论基础 [M]. 北京：煤炭工业出版社，1988.

[3] 范广勤. 岩土工程流变力学 [M]. 北京：煤炭工业出版社，1993.

[4] Jaeger J G, Cook N G W, Zimmerman R W. Fundamentals of Rock Mechanics (Fourth Edition) [M]. UK：Blackwell Publishing, 2007.

[5] 钱七虎. 深部地下工空间开发中的关键科学问题 [C]. 第230次香山科学会议——深部地下空间开发中的基础研究关键技术问题，2004：6~28.

[6] 何满潮. 深部的概念体系及工程评价指标 [J]. 岩石力学与工程学报，2005，24 (16)：2853~2858.

[7] 何满潮，谢和平，彭苏萍，等. 深部开采岩体力学研究 [J]. 岩石力学与工程学报，2005，24 (16)：2803~2813.

[8] 黄兴，刘泉声，乔正. 朱集矿深井软岩巷道大变形机制及其控制研究 [J]. 岩土力学，2012，33 (3)：827~934.

[9] 孙钧. 岩石流变力学及其工程应用研究的若干进展 [J]. 岩石力学与工程学报，2007，26 (6)：1081~1106.

[10] Origgs D T. Creep of Rock [J]. Journal of Geology, 1939, 47：225~251.

[11] Vouille G, Tijani S M, F De Grenier. Experimental Determination of the Rheological Behavior of Tersanne Rock Salt [C]. The 1th Conference on the Mechanical Behavior of Salt, 1981：408~420.

[12] Okubo S, Nishimatsu Y, Fukui K. Complete Creep Curves under Uniaxial Compression [J]. International Journal of Rock Mechanics and Mining Sciences, 1991, 1 (28)：77~82.

[13] Malan D F, Vogler U W, Dreseher K. Time-dependent Behavior of Hard Rock in Deep Level Gold Mines [J]. Journal of the South African Institute of Mining and Metallurgy, 1997：135~147.

[14] Malan D F. An Investigation into the Identification and Modeling of Time-dependent Behavior of Deep Level Excavations in Hard Rock [D]. Johannesburg：University of the Witwatersrand, 1998.

[15] Malan D F. Time-dependent Behavior of Deep Level Tabular Excavations in Hard Rock [J]. Rock Mechanics and Rock Engineering, 1999, 32 (2)：123~155.

[16] Fujii Y, Kiyama T, Ishijima Y, et al. Circumferential Strain Behavior during Creep Tests of Brittle Rocks [J]. International Journal of Rock Mechanics and Mining Sciences, 1999, 36 (3)：323~337.

[17] Maranini E, Brignoli M. Creep Behavior of a Weak Rock：Experimental Characterization [J]. International Journal of Rock Mechanics and Mining Sciences, 1999, 36 (1)：127~138.

[18] Maranini E, Tsutomu Yamaguehi. A Non-associated Viscoplastic Model of the Behvaiour of Granite in Triaxial Compression [J]. Mechanics of Materials, 2001 (33)：283~293.

[19] Gasc-Barbier M, Chanchole S, Bérest P. 2004. Creep Behavior of Bure Clayey Rock [J]. Applied Clay Science, 2004, 26 (1)：449~458.

［20］Diansen Yang, et al. Experimental Investigation of the Delayed Behavior of Unsaturated Argilla-ceous Rocks by Means of Digital Image Correlation Techniques ［J］. Applied Clay Science, 2011, 54（1）：53~62.

［21］李永盛. 单轴压缩条件下四种岩石的蠕变和松弛试验研究 ［J］. 岩石力学与工程学报, 1995, 01：163~171.

［22］徐平, 夏熙伦. 花岗岩Ⅰ-Ⅱ复合型断裂试验及断裂数值分析 ［J］. 岩石力学与工程学报, 1996, 01：32~45.

［23］郭志. 软岩力学特性研究 ［J］. 工程地质学报, 1996, 3（4）：79~84.

［24］许宏发. 软岩强度和弹模的时间效应研究 ［J］. 岩石力学与工程学报, 1997, 3（16）：246~251.

［25］朱合华, 叶斌. 饱水状态下隧道围岩蠕变力学性质的试验研究 ［J］. 岩石力学与工程学报, 2002, 21（12）：1791~1796.

［26］张云, 薛禹群, 吴吉春, 等. 饱和砂性土非线性蠕变模型试验研究 ［J］. 岩土力学, 2005, 26（12）：1869~1873.

［27］冒海军. 板岩水理特性试验研究与理论分析 ［D］. 武汉：中国科学院武汉岩土力学研究所, 2006.

［28］刘江, 杨春和, 吴文, 等. 盐岩蠕变特性和本构关系研究 ［J］. 岩土力学, 2006, 27（8）：1267~1271.

［29］郭富利, 张顶立, 苏洁, 等. 地下水和围压对软岩力学性质影响的试验研究 ［J］. 岩石力学与工程学报, 2007, 26（11）：2324~2332.

［30］阎岩. 渗流作用下岩石蠕变试验与变参数蠕变方程的研究 ［D］. 北京：清华大学, 2009.

［31］阎岩, 王恩志, 王思敬, 等. 岩石渗流—流变耦合的试验研究 ［J］. 岩土力学, 2010, 31（7）：2095~2103.

［32］于洪丹, 陈卫忠, 郭小红, 等. 厦门海底隧道强风化花岗岩力学特性研究 ［J］. 岩石力学与工程学报, 2010, 29（2）：381~387.

［33］陈卫忠, 曹俊杰, 于洪丹, 等. 特殊地质区域海底隧道长期稳定性研究 ［J］. 岩石力学与工程学报, 2010, 29（10）：2017~2026.

［34］黄书岭, 冯夏庭, 周辉, 等. 水压和应力耦合下脆性岩石流变与破坏时效机制研究 ［J］. 岩土力学, 2010, 31（11）：3441~3446.

［35］王如宾. 坝基硬岩蠕变特性试验及其蠕变全过程中的渗流规律 ［J］. 岩石力学与工程学报, 2010, 29（5）：960~969.

［36］何峰, 王来贵, 王振伟, 等. 煤岩蠕变—渗流耦合规律实验研究 ［J］. 煤炭学报, 2011, 36（6）：930~933.

［37］黄明, 刘新荣, 邓涛. 考虑含水劣化的泥质粉砂岩单轴蠕变特性研究 ［J］. 福州大学学报：自然科学版, 2012, 40（3）：399~405.

［38］张玉, 徐卫亚, 邵建富, 等. 渗流—应力耦合作用下碎屑岩流变特性和渗透演化机制试验研究 ［J］. 岩石力学与工程学报, 2014, 33（8）：1679~1690.

［39］刘泉声, 许锡昌, 山口勉, 等. 三峡花岗岩与温度及时间相关的力学性质试验研究 ［J］. 岩石力学与工程学报, 2001, 20（5）：715~719.

[40] 高小平，杨春和，吴文，等．盐岩蠕变特性温度效应的实验研究 [J]．岩石力学与工程学报，2005，24（12）：2054~2059．

[41] 张宁，赵阳升，万志军，等．高温三维应力下花岗岩三维蠕变的模型研究 [J]．岩石力学与工程学报，2009，28（5）：875~881．

[42] 朱元广，刘泉声，康永水，等．考虑温度效应的花岗岩蠕变损伤本构关系研究 [J]．岩石力学与工程学报，2011，30（9）：1882~1888．

[43] 王春萍，陈亮，梁家玮，等．考虑温度影响的花岗岩蠕变全过程本构模型研究 [J]．岩土力学，2014（9）：2493~2500．

[44] 刘小军，张永兴，王桂林，等．碎裂板岩不同含水状态下蠕变特性试验 [J]．解放军理工大学学报：自然科学版，2012，13（6）：640~645．

[45] 苏白燕，许强，邓茂林．炭质泥质灰岩饱水流变试验研究 [J]．工程地质学报，2015，23（1）：37~43．

[46] 蒋海飞，刘东燕，黄伟，等．高围压下高孔隙水压对岩石蠕变特性的影响 [J]．煤炭学报，2014，39（7）：1248~1256．

[47] 蒋海飞，刘东燕，赵宝云，等．高应力高水压下砂岩三轴蠕变特性试验研究 [J]．实验力学，2014，29（5）：556~564．

[48] 闫子舰，夏才初，李宏哲，等．分级卸荷条件下锦屏大理岩流变规律研究 [J]．岩石力学与工程学报，2008，27（10）：2153~2159．

[49] 李栋伟，汪仁和，范菊红．白垩系冻结软岩非线性流变模型试验研究 [J]．岩土工程学报，2011，33（3）：398~403．

[50] 熊良宵，杨林德．双轴压缩条件下绿片岩的卸载蠕变特性试验 [J]．土木工程学报，2012，45（2）：97~103．

[51] 龚囟，陈辉．红砂岩不同蠕变阶段声发射振幅与能量特征研究 [J]．中国矿业，2014，23（10）：144~149．

[52] 左亚，王宇，唐亮，等．节理软岩卸荷流变力学特性试验研究 [J]．水利水电技术，2014，45（11）：31~35．

[53] 朱明礼，朱珍德，李志敬，等．深埋长大隧洞围岩非定常剪切流变模型初探 [J]．岩石力学与工程学报，2008，27（7）：1436~1441．

[54] 朱昌星，阮怀宁，朱珍德，等．岩石非线性蠕变损伤模型的研究 [J]．岩土工程学报，2008，30（10）：1510~1513．

[55] 朱杰兵．高应力下岩石卸荷及其流变特性研究 [D]．武汉：中国科学院武汉岩土力学研究所，2009．

[56] 张明，毕忠伟，杨强，等．锦屏Ⅰ级水电站大理岩蠕变试验与流变模型选择 [J]．岩石力学与工程学报，2010，29（8）：1530~1537．

[57] 黄书岭，冯夏庭，周辉，等．水压和应力耦合下脆性岩石流变与破坏时效机制研究 [J]．岩土力学，2010，31（11）：3441~3446．

[58] 刘宁，张传庆，褚卫江，等．深埋绿泥石片岩变形特征及稳定性分析 [J]．岩石力学与工程学报，2013，32（10）：2045~2052．

[59] 吴创周，石振明，付昱凯，等．绿片岩各向异性蠕变特性试验研究 [J]．岩石力学与工

程学报，2014，33（3）：493~499.

[60] 徐卫亚，杨圣奇，杨松林，等. 绿片岩三轴流变力学特性的研究（I）：试验结果 [J]. 岩土力学，2005，26（4）：531~537.

[61] 蒋昱州，张明鸣，李良权. 岩石非线性黏弹塑性蠕变模型研究及其参数识别 [J]. 岩石力学与工程学报，2008，27（4）：832~839.

[62] 沈明荣，张清照. 绿片岩软弱结构面的剪切蠕变特性研究 [J]. 岩石力学与工程学报，2010，29（6）：1149~1155.

[63] 李铀，朱维申，彭意，等. 某地红砂岩多轴受力状态蠕变松弛特性试验研究 [J]. 岩土力学，2006，27（8）：1248~1252.

[64] 杨圣奇，徐卫亚，谢守益，等. 饱和状态下硬岩三轴流变变形与破裂机制研究 [J]. 岩土工程学报，2006，28（8）：962~969.

[65] 范庆忠. 岩石蠕变及扰动试验研究 [D]. 青岛：山东科技大学，2006.

[66] 崔希海，付志亮. 岩石流变特性及长期强度的试验研究 [J]. 岩石力学与工程学报，2006，25（5）：1021~1024.

[67] 贺如平，张强勇，王建洪，等. 大岗山水电站坝区辉绿岩脉压缩蠕变试验研究 [J]. 岩石力学与工程学报，2007，26（12）：2495~2503.

[68] 范庆忠，李术才，高延法. 软岩三轴蠕变特性的试验研究 [J]. 岩石力学与工程学报，2007，26（7）：1381~1385.

[69] 付志亮，高延法，宁伟，等. 含油泥岩各向异性蠕变研究 [J]. 采矿与安全工程学报，2007，24（3）：353~356.

[70] 王志俭，殷坤龙，简文星，等. 三峡库区万州红层砂岩流变特性试验研究 [J]. 岩石力学与工程学报，2008，27（4）：840~847.

[71] 陈卫忠，谭贤君，吕森鹏，等. 深部软岩大型三轴压缩流变试验及本构模型研究 [J]. 岩石力学与工程学报，2009，28（9）：1735~1744.

[72] 彭芳乐，李福林，白晓宇，等. 考虑应力路径和加载速率效应砂土的弹黏塑性本构模型 [J]. 岩石力学与工程学报，2009，28（5）：929~938.

[73] 谌文武，原鹏博，刘小伟. 分级加载条件下红层软岩蠕变特性试验研究 [J]. 岩石力学与工程学报，2009，28（增1）：3076~3081.

[74] 李良权，王伟. 粉砂质泥岩流变力学参数的试验研究 [J]. 三峡大学学报：自然科学版，2009，31（6）：45~49.

[75] 陈绍杰，郭惟嘉，杨永杰. 煤岩蠕变模型与破坏特征试验研究 [J]. 岩土力学，2009，30（9）：2595~2598.

[76] 陈文玲，赵法锁. 云母石英片岩的试验蠕变特性研究 [J]. 西北大学学报：自然科学版，2009，39（1）：109~113.

[77] 郭臣业，鲜学福，姜永东，等. 破裂砂岩蠕变试验研究 [J]. 岩石力学与工程学报，2010，29（5）：990~995.

[78] 韩庚友，王思敬，张晓平，等. 分级加载下薄层状岩石蠕变特性研究 [J]. 岩石力学与工程学报，2010，29（11）：2239~2247.

[79] 陈从新，卢海峰，袁从华，等. 红层软岩变形特性试验研究 [J]. 岩土工程学报，2010，

29 (2)：261~270.

[80] 伍国军，陈卫忠，贾善坡，等．岩石锚固界面剪切流变试验及模型研究 [J]．岩石力学与工程学报，2010，29 (3)：520~527.

[81] 刘保国，崔少东．泥岩蠕变损伤试验研究 [J]．岩石力学与工程学报，2010，29 (10)：2127~2133.

[82] 范秋雁，阳克青，王渭明．泥质软岩蠕变机制研究 [J]．岩石力学与工程学报，2010，29 (8)：1555~1561.

[83] 沈明荣，谌洪菊．红砂岩长期强度特性的试验研究 [J]．岩土力学，2011，32 (11)：3301~3305.

[84] 于怀昌，周敏，刘汉东，等．粉砂质泥岩三轴压缩应力松弛特性试验研究 [J]．岩石力学与工程学报，2011，30 (4)：803~810.

[85] 张治亮，徐卫亚，王伟．向家坝水电站坝基挤压带岩石三轴蠕变试验及非线性黏弹塑性蠕变模型研究 [J]．岩石力学与工程学报，2011，30 (1)：132~140.

[86] 杨典森，陈卫忠，杨建平，等．岩盐蠕变行为的宏细观损伤特性试验研究 [J]．岩石力学与工程学报，2011，30 (7)：1363~1367.

[87] 于怀昌，李亚丽，刘汉东．粉砂质泥岩常规力学、蠕变以及应力松弛特性的对比研究 [J]．岩石力学与工程学报，2012，31 (1)：60~70.

[88] 汪为巍，曹平．金川软岩蠕变破坏机制电镜试验研究 [J]．岩土工程技术，2007，21 (2)：60~63.

[89] 赵延林，曹平，文有道，等．岩石弹黏塑性流变试验和非线性流变模型研究 [J]．岩石力学与工程学报，2008，27 (3)：477~486.

[90] 张耀平，曹平，赵延林．软岩黏弹塑性流变特性及非线性蠕变模型 [J]．中国矿业大学学报，2009，38 (1)：34~40.

[91] 李江腾，郭群，曹平，等．低应力条件下水对斜长岩蠕变性能的影响 [J]．中南大学学报：自然科学版，2011，42 (9)：2797~2801.

[92] 曹平，郏欣平，李娜，等．深部斜长角闪岩流变试验及模型研究 [J]．岩石力学与工程学报，2012，31 (1)：3015~3022.

[93] 陈卫忠，袁克阔，于洪丹，等．Boom Clay 蠕变特性研究 [J]．岩石力学与工程学报，2013，32 (10)：1981~1990.

[94] 王观琪，余挺，李永红，等．300m 级高土石心墙坝流变特性研究 [J]．岩土工程学报，2014，36 (1)：140~145.

[95] 雷华阳，仇王维，贺彩峰，等．滨海软黏土加速蠕变特性试验研究 [J]．岩土工程学报，2015，(1)：75~82.

[96] 李连崇．基于岩石长期强度特征的岩质边坡时效变形过程分析 [J]．岩土工程学报，2014，36 (1)：47~56.

[97] 王志荣，张利民，韩中阳．平顶山盐田互层状盐岩蠕变特性与试验模型研究 [J]．水文地质工程地质，2014，41 (5)：125~130.

[98] 王军保，刘新荣，王铁行．灰质泥岩蠕变特性试验研究 [J]．地下空间与工程学报，2014，10 (4)：770~775.

[99] 王兴宏，万文，王超林．茅口灰岩单轴压缩条件下的流变特性试验研究 [J]．湖南工业大学学报，2014，28（3）：16~19．

[100] 陈沅江．岩石流变的本构模型及其智能辨识研究 [D]．长沙：中南大学，2003．

[101] 李化敏，李振华，苏承东．大理岩蠕变特性试验研究 [J]．岩石力学与工程学报，2004，23（22）：3745~3749．

[102] 张向东，李永靖，张树光，等．软岩蠕变理论及其工程应用 [J]．岩石力学与工程学报，2004，23（10）：1635~1639．

[103] 孙晓明，何满潮，刘成禹，等．真三轴软岩非线性力学试验系统研制 [J]．岩石力学与工程学报，2005，24（16）：2870~2874．

[104] 邬爱清，周火明，胡建敏．高围压岩石三轴流变试验仪研制 [J]．长江科学院院报，2006，23（4）：28~31．

[105] 陈晓斌，张家生，封志鹏．红砂岩粗粒土流变工程特性试验研究 [J]．岩石力学与工程学报，2007，26（3）：601~607．

[106] 尹光志，张东明，何巡军．含瓦斯煤蠕变实验及理论模型研究 [J]．岩土工程学报，2009，31（4）：528~532．

[107] 张强勇，陈旭光，林波，等．高地应力真三维加载模型试验系统的研制及其应用 [J]．岩土工程学报，2010，32（10）：1588~1593．

[108] 崔少东．岩石力学参数的时效性及非定常流变本构模型研究 [D]．北京：北京交通大学，2010．

[109] 高延法．RRTS-Ⅱ型岩石流变扰动效应试验仪 [J]．岩石力学与工程学报，2011，30（2）：238~243．

[110] 张世银，田建利．压力试验机改装成岩石三轴试验机的研制 [J]．工程与试验，2011，51（2）：66~68．

[111] 李维树，周火明，钟作武，等．岩体真三轴现场蠕变试验系统研制与应用 [J]．岩石力学与工程学报，2012，31（8）：1636~1641．

[112] 张向东，李永靖，张树光，等．软岩蠕变理论及其工程应用 [J]．岩石力学与工程学报，2004，23（10）：1635~1639．

[113] 齐明山．大变形软岩流变性态及其在隧道工程结构中的应用研究 [D]．上海：同济大学，2006．

[114] 尹光志，赵洪宝，张东明．突出煤三轴蠕变特性及本构方程 [J]．重庆大学学报，2008，31（8）：946~950．

[115] 阎岩，王思敬，王恩志．基于西原模型的变参数蠕变方程 [J]．岩土力学，2010，31（10）：3026~3035．

[116] 陈卫忠，谭贤君，吕森鹏，等．深部软岩大型三轴压缩流变试验及本构模型研究 [J]．岩石力学与工程学报，2009，28（9）：1735~1744．

[117] 伍国军，陈卫忠，贾善坡，等．岩石锚固界面剪切流变试验及模型研究 [J]．岩石力学与工程学报，2010，29（3）：520~527．

[118] 张为民．一种采用分数阶导数的新流变模型理论 [J]．湘潭大学学报：自然科学版，2001，23（1）：30~36．

[119] 刘朝辉，张为民. 含分数阶导数的黏弹性固体模型及其应用 [J]. 株洲工学院学报，2002，16（4）：23~25.

[120] 殷德顺，任俊娟，和成亮，等. 一种新的岩土流变模型元件 [J]. 岩石力学与工程学报，2007，26（9）：1899~1903.

[121] 郭佳奇，乔春生，徐冲，等. 基于分数阶微积分的 Kelvin-Voigt 流变模型 [J]. 中国铁道科学，2009，30（4）：1~6.

[122] 康永刚，张秀娥. 岩石蠕变的非定常分数伯格斯模型 [J]. 岩土力学，2011，32（11）：3237~3241.

[123] 周宏伟，王春萍，段志强，等. 基于分数阶导数的盐岩流变本构模型 [J]. 中国科学：物理学力学天文学，2012，42（3）：310~318.

[124] 宋勇军，雷胜友. 基于分数阶微积分的岩石非线性蠕变损伤力学模型 [J]. 地下空间与工程学报，2013，9（1）：91~96.

[125] 陈亮，陈寿根，张恒，杨家松. 基于分数阶微积分的非线性黏弹塑性蠕变模型 [J]. 四川大学学报（工程科学版），2013，45（3）．

[126] 吴斐，刘建峰，武志德，等. 盐岩的分数阶非线性蠕变本构模型 [J]. 岩土力学，2014，35（z2）．

[127] 吴斐，谢和平，刘建锋，等. 分数阶黏弹塑性蠕变模型试验研究 [J]. 岩石力学与工程学报，2014，33（5）：964~970.

[128] 徐卫亚，周家文，杨圣奇，等. 绿片岩蠕变损伤本构关系研究 [J]. 岩石力学与工程学报，2006，25（1）：3093~3097.

[129] 徐卫亚，杨圣奇，褚卫江. 岩石非线性黏弹塑性流变模型（河海模型）及其应用 [J]. 岩石力学与工程学报，2006，25（3）：433~447.

[130] 袁海平，曹平，许万忠，等. 岩体黏弹塑性本构关系及改进 Burgers 蠕变模型 [J]. 岩土工程学报，2006，28（6）：1796~1799.

[131] 朱鸿鹄，陈晓甲，程小俊，等. 考虑排水条件的软土蠕变特性及模型研究 [J]. 岩土力学，2006，27（5）：694~698.

[132] 陈锋，杨春和，白世伟. 盐岩储气库蠕变损伤分析 [J]. 岩土力学，2006，27（6）：945~949.

[133] 罗润林，阮怀宁，孙运强，等. 一种非定常参数的岩石蠕变本构模型 [J]. 桂林工学院学报，2007，27（2）：200~203.

[134] 吕爱钟，丁志坤，焦春茂，等. 岩石非定常蠕变模型辨识 [J]. 岩石力学与工程学报，2008，27（1）：16~21.

[135] 夏才初，王晓东，许崇帮，等. 用统一流变力学模型理论辨识流变模型的方法和实例 [J]. 岩石力学与工程学报，2008，27（8）：1594~1600.

[136] 褚卫江，苏静波，徐卫亚. 基于一致性理论的 Drucker-Prager 材料黏弹塑本构模型 [J]. 岩土力学，2008，29（3）：811~816.

[137] 王维忠，尹光志，赵洪宝，等. 含瓦斯煤岩三轴蠕变特性及本构关系 [J]. 重庆大学学报，2009，32（2）：197~201.

[138] 王安明，杨春和，陈剑文. 层状盐岩体非线性蠕变本构模型 [J]. 岩石力学与工程学

报，2009，28（z1）：2708~2714.

［139］熊良宵，杨林德．硬脆岩的非线性黏弹塑性流变模型［J］.同济大学学报（自然科学版），2010，38（2）：188~193.

［140］熊良宵，杨林德，张尧．硬岩的复合黏弹塑性流变模型［J］.中南大学学报：自然科学版，2010，41（4）：1540~1548.

［141］杨文东，张强勇，陈芳，等．辉绿岩非线性流变模型及蠕变加载历史的处理方法研究［J］.岩石力学与工程学报，2011，30（7）：1405~1413.

［142］曹平，刘业科，蒲成志，等．一种改进的岩石黏弹塑性加速蠕变力学模型［J］.中南大学学报：自然科学版，2011，42（1）：142~146.

［143］彭芳乐，谭轲，龙冈文夫．平面应变加一卸载试验中砂土的黏性特征及本构模型［J］.岩石力学与工程学报，2011，30（1）：184~192.

［144］张治亮，徐卫亚，王伟．向家坝水电站坝基挤压带岩石三轴蠕变试验及非线性黏弹塑性蠕变模型研究［J］.岩石力学与工程学报，2011，30（1）：132~140.

［145］赵宝云，刘东燕，郑志明，等．基于短时三轴蠕变试验的岩石非线性黏弹性蠕变模型研究［J］.采矿与安全工程学报，2011，28（3）：446~451.

［146］孙钧，潘晓明．隧道软弱围岩挤压大变形非线性流变力学特性研究［J］.岩石力学与工程学报，2012，31（10）：1957~1968.

［147］齐亚静，姜清辉，王志俭，等．改进西原模型的三维蠕变本构方程及其参数辨识［J］.岩石力学与工程学报，2012，31（2）：347~355.

［148］张永兴，王更峰，周小平，等．含水炭质板岩非线性蠕变损伤模型及应用［J］.土木建筑与环境工程，2012，34（3）：1~9.

［149］佘成学，孙辅庭．节理岩体黏弹塑性流变破坏模型研究［J］.岩石力学与工程学报，2013，32（2）：231~238.

［150］王明洋，解东升，李杰，等．深部岩体变形破坏动态本构模型［J］.岩石力学与工程学报，2013，32（6）：1112~1120.

［151］王新刚，胡斌，连宝琴，等．改进的非线性黏弹塑性流变模型及花岗岩剪切流变模型参数辨识［J］.岩土工程学报，2014，36（5）：916~921.

［152］王占军，陈生水，傅中志．堆石料流变的黏弹塑性本构模型研究［J］.岩土工程学报，2014，36（12）：2188~2194.

［153］杨圣奇．一种新的岩石非线性流变损伤模型研究［J］.岩土工程学报，2014，36（10）：1846~1854.

［154］王刚．端锚式锚杆—围岩耦合流变模型研究［J］.岩土工程学，2014，36（2）：363~375.

［155］曹文贵，赵明华，刘成学．基于Weibull分布的岩石损伤软化模型及其修正方法研究［J］.岩石力学与工程学报，2014，23（19）：3226~3231.

［156］康永刚，张秀娥．一种改进的岩石蠕变本构模型［J］.岩土力学，2014，（4）：1049~1055.

［157］沈才华，张兵，王文武．一种基于应变能理论的黏弹塑性蠕变本构模型［J］.岩土力学，2014，35（12）：3430~3436.

［158］沈才华，张兵，王文武．一种基于应变能理论的加速蠕变本构模型［J］.煤炭学报，2014，39（11）：2195~2200.

[159] 王萍, 屈展, 刘易非, 等. 泥页岩水化膨胀的非线性蠕变模型 [J]. 西北大学学报 (自然科学版), 2015, 45 (1): 117~122.

[160] 杨振伟, 金爱兵, 周喻, 等. 伯格斯模型参数调试与岩石蠕变特性颗粒流分析 [J]. 岩土力学, 2015, 36 (1): 240~248.

[161] 陈剑文, 杨春和. 基于细观变形理论的盐岩塑性本构模型研究 [J]. 岩土力学, 2015, 36 (1): 117~122.

[162] 陈卫忠, 王者超, 伍国军, 等. 盐岩非线性蠕变损伤本构模型及其工程应用 [J]. 岩石力学与工程学报, 2007, 26 (3): 467~472.

[163] 范庆忠, 高延法, 崔希海, 等. 软岩非线性蠕变模型研究 [J]. 岩土工程学报, 2007, 29 (4): 505~509.

[164] 范庆忠, 高延法. 软岩蠕变特性及非线性模型研究 [J]. 岩石力学与工程学报, 2007, 26 (2): 391~396.

[165] 曹文贵, 李翔, 刘峰. 裂隙化岩体应变软化损伤本构模型探讨 [J]. 岩石力学与工程学报, 2007, 26 (12): 2488~2494.

[166] 朱昌星, 阮怀宁, 朱珍德, 等. 一种新的非线性黏弹塑性流变模型 [J]. 长江科学院院报, 2008, 25 (4): 53~55.

[167] 朱昌星, 阮怀宁, 朱珍德, 等. 岩石非线性蠕变损伤模型的研究 [J]. 岩土工程学报, 2008, 30 (10): 1510~1513.

[168] 乔丽苹. 砂岩弹塑性及蠕变特性的水物理化学作用效应试验与本构研究 [D]. 武汉: 中国科学院武汉岩土力学研究所, 2008.

[169] 张强勇, 杨文东, 张建国, 等. 变参数蠕变损伤本构模型及其工程应用 [J]. 岩石力学与工程学报, 2009, 28 (4): 732~739.

[170] 蒋煜州, 徐卫亚, 王瑞红, 等. 岩石非线性蠕变损伤模型研究 [J]. 中国矿业大学学报, 2009, 38 (3): 331~335.

[171] 佘成学. 岩石非线性黏弹塑性蠕变模型研究 [J]. 岩石力学与工程学报, 2009, 28 (10): 2006~2011.

[172] 胡其志, 冯夏庭, 周辉. 考虑温度损伤的盐岩蠕变本构关系研究 [J]. 岩土力学, 2009, 30 (8): 2245~2248.

[173] 朱杰兵. 高应力下岩石卸荷及其流变特性研究 [D]. 武汉: 中国科学院武汉岩土力学研究所, 2009.

[174] 朱杰兵, 汪斌, 邬爱清. 锦屏水电站绿砂岩三轴卸荷流变试验及非线性损伤蠕变本构模型研究 [J]. 岩石力学与工程学报, 2010, 29 (3): 528~534.

[175] 田洪铭, 陈卫忠, 田田, 等. 软岩蠕变损伤特性的试验与理论研究 [J]. 岩石力学与工程学报, 2010, 31 (3): 610~617.

[176] 杨文东, 张强勇, 张建国, 等. 基于FLAC3D的改进的Burgers蠕变损伤模型的二次开发研究 [J]. 岩土力学, 2010, 31 (6): 1956~1964.

[177] 伍国军, 陈卫忠, 曹俊杰, 等. 工程岩体非线性蠕变损伤力学模型及其应用 [J]. 岩石力学与工程学报, 2010, 29 (6): 1184~1191.

[178] 刘桃根, 王伟, 吴斌华, 等. 基于损伤力学的砂岩蠕变模型研究与参数辨识 [J]. 三

峡大学学报（自然科学版），2010，32（6）：55~60.

[179] 朱元广，刘泉声，康永水，等. 考虑温度效应的花岗岩蠕变损伤本构关系研究 [J]. 岩石力学与工程学报，2011，30（9）：1882~1888.

[180] 杨小彬，李洋，李天洋，等. 煤岩非线性损伤蠕变模型探析 [J]. 辽宁工程技术大学学报（自然科学版），2011，30（2）：172~174.

[181] 张华宾，王芝银，赵艳杰，等. 盐岩全过程蠕变试验及模型参数辨识 [J]. 石油学报，2012，33（5）：904~908.

[182] 曹文贵，袁靖周，王江营，等. 考虑加速蠕变的岩石蠕变过程损伤模拟方法 [J]. 湖南大学学报（自然科学版），2013，40（2）：15~20.

[183] 曹文贵，赵明华，刘成学. 基于 Weibull 分布的岩石损伤软化模型及其修正方法研究 [J]. 岩石力学与工程学报，2014，23（19）：3226~3231.

[184] 丁靖洋，周宏伟，刘迪，等. 盐岩分数阶三元件本构模型研究 [J]. 岩石力学与工程学报，2014，33（4）：672~678.

[185] 杨圣奇，徐鹏. 一种新的岩石非线性流变损伤模型研究 [J]. 岩土工程学报，2014，36（10）：1846~1854.

[186] 刘小军，刘新荣，王铁行，等. 考虑含水劣化效应的浅变质板岩蠕变本构模型研究 [J]. 岩石力学与工程学报，2014（12）：2384~2389.

[187] 王军保，刘新荣，邵珠山，等. 岩石非线性蠕变损伤模型研究 [J]. 现代隧道技术，2014，51（3）：79~84.

[188] 徐鹏，杨圣奇. 循环加卸载下煤的黏弹塑性蠕变本构关系研究 [J]. 岩石力学与工程学报，2015，34（3）：537~545.

[189] 王俊光，梁冰，田蜜. 含水状态下油页岩非线性损伤蠕变特性研究 [J]. 实验力学，2014，29（1）：112~118.

[190] 马春驰，李天斌，孟陆波，等. 节理岩体等效流变损伤模型及其在卸载边坡中的应用 [J]. 岩土力学，2014，（10）：2949~2957.

[191] 于超云，唐春安，唐世斌. 含水弱化的软岩变参数蠕变损伤模型研究 [J]. 中国科技论文，2015，10（3）：300~304.

[192] Valanis K C. A Theory of Visco-plasticity without a Yield Surface [J]. Archives of Mechanics, 1971, 23（5）：517~551.

[193] Valanis K C. On the Substance of Rivlin's Remarks on the Endochronic Theory [J]. International Journal of Solids and Structures, 1981, 17（5）：249~265.

[194] Bazant Z P, et al. Endochronic Theory of Inelasticity and Failure of Concrete [J]. Journal of Engineering Mechanics Division, 1976, 102（4）：701~755.

[195] 陈沅江，潘长良，曹平，等. 基于内时理论的软岩流变本构模型 [J]. 中国有色金属学报，2003，13（3）：735~742.

[196] Kawamoto T. Deformation and Fracturing Behaviour of Discontinuous Rock Mass Damage Mechanics Theory [J]. International Journal for Numerical and Analytical Methods in Geomechanics, 1988, 12（1）：1~30.

[197] 陈成宗，何发亮. 隧道工程地质与声波探测技术 [M]. 成都：西南交通大学出版

社，2005.

[198] Hoek Evert, Brown E T. Practical Estimates of Rock Mass Strength [J]. International Journal of Rock Mechanics & Mining Sciences, 1998, 34: 1165~1186.

[199] 赵明阶，吴德伦. 工程岩体的超声波分类及强度预测 [J]. 岩石力学与工程学报, 2000, 19 (1): 89~92.

[200] 赵明阶，徐蓉. 岩石损伤特性与强度的超声波速研究 [J]. 岩土工程学报, 2000, 22 (6): 720~722.

[201] 王子江. 岩石（体）波速与强度的宏观定量关系研究 [J]. 铁道工程学报, 2011, 28 (10): 6~9.

[202] 林达明，尚彦军，孙福军，等. 岩体强度估算方法研究及应用 [J]. 岩土力学, 2011, 32 (3): 837~842.

[203] 徐卫亚，杨圣奇. 关于"对'岩石非线性黏弹塑性流变模型（河海模型）及其应用'的讨论"答复 [J]. 岩石力学与工程学报, 2007, 26 (3): 641~646.

[204] Zienkiewicz O C, Owen D R J, Cormeau I C. Analysis of Viscoplastic Effects in Pressure Vessels by the Finite Element Method [J]. Nuclear Engineering and Design, 1974, 28 (2): 278~288.

[205] Gioda G A. Finite Element Solution of Non-linear Creep Problems in Rocks [J]. International Journal of Rock Mechanics and Mining Sciences & Geomechanics Abstracts, 1981, 18 (1): 35~46.

[206] 梁军，刘汉龙，高玉峰. 堆石料流变参数综合辨识法 [J]. 岩土工程界, 2003, 6 (12): 59~61.

[207] 彭文斌. FLAC 3D 实用教程 [M]. 北京：机械工业出版社, 2009.

[208] 陈育民，徐鼎平. FLAC/FLAC3D 基础与工程实例 [M]. 第二版. 北京：中国水利水电出版社, 2013.